1 天 就 完 成

第 一 次 动 手 制 作
连 衣 裙 ＆ 布 衬 衣

—— 1日で完成！——
リバティプリントで作るワンピース＆チュニック

[日] 田中智子／著

U0305525

北京联合出版公司
Beijing United Publishing Co.,Ltd.

序　言

各种蓬松的美丽的花纹图案。

不管是一枝独秀的单点图案，还是蝴蝶结形状的图案都会吸引众人的

眼光。

我曾思考过许多设计方案。

最终呈现给大家的是易学、易缝的设计，且视觉效果很好的成品。

大家何不尝试着用自己喜欢的布料，做一件自己喜欢，且只属自己的

衣服呢。

就算稍微有一点点瑕疵也完全没有问题，

可以将衣服做成核桃纽扣式的、绳状式的等等样式。

利伯提碎花布永远都是大家所向往所喜欢的一种布料。

田中智子

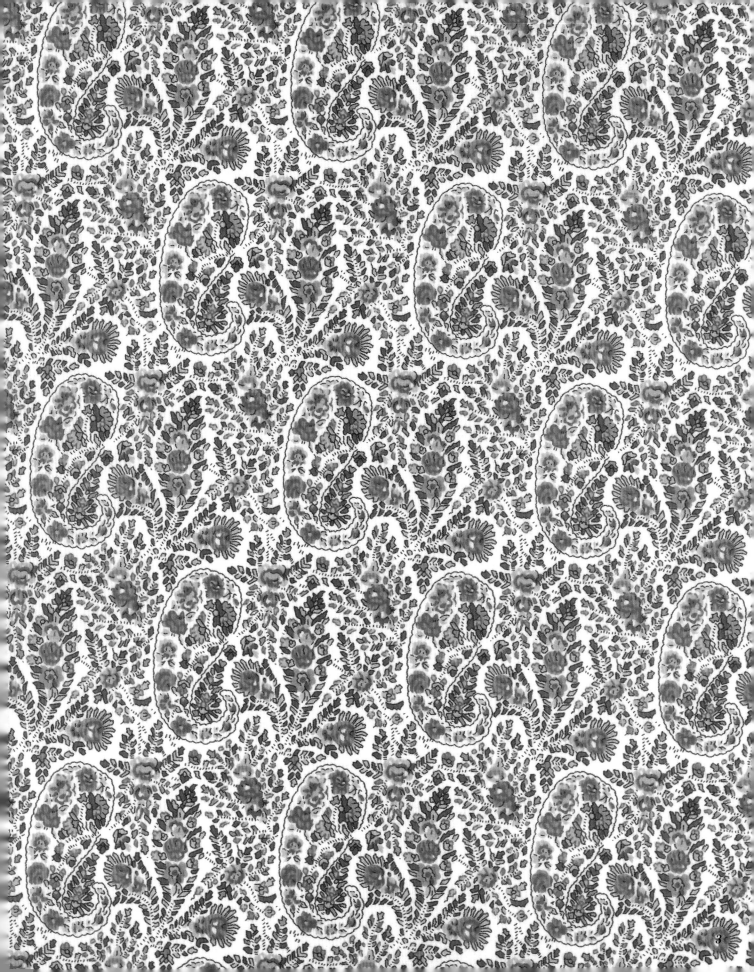

目　录

快乐的手工缝制活

利伯提碎花布的魅力

书中所说的碎花布是由英国利伯提百货公司所独立研制出来的布料。利伯提百货公司于1875年由亚瑟·莱森比·利伯提创建，它追求创新与时尚，现已发展成为伦敦最为顶尖的百货商店。由于上乘的质量及高超的技术，利伯提碎花布现已衍生出了各种花纹类型，在世界上拥有众多粉丝，甚至还有人专门收集利伯提碎花布。

● 美丽的利伯提碎花布

大家特别喜欢利伯提碎花布的原因之一就是它那丰富多彩的颜色。除了主色彩之外，它还使用其他各种配色形成了各种有深意的花纹形状，给人一种无可名状的幸福感。就算是同种花纹，随着颜色的不同，也会给人以成熟、可爱等不同的感觉。

● 高质量的面料——高纱支数棉料

说到利伯提碎花布的代表面料，就不得不提由100%棉花所制成的超长棉——高纱支数棉了。这种面料的表面色泽如同绢一般，特别柔软、轻盈，其特征就是表面的印花从反面也能很清晰地看出，触感特别好。

● 不褪色

利伯提碎花布的染色技术特别高超，能够长时间不褪色，保持鲜艳的色调。总有一款适合你。

● 很好的收藏品

利伯提碎花布每年有两次新品发布会，很多粉丝都会静心等待它们的到来。其中最引人注目的就是"经典版"以及在日本非常受欢迎的"永恒版"，在这些设计里，我们可以看到很多不同的花纹。本书就是使用的"永恒版"进行设计。

● 在本书中所使用的永恒版

新艺术派……Pelagia(p.14)、Poppy&Daisy(p.21)

佩斯利印花布……Hope(p.11)、Kitty Grace(9.21)

花斯利印花布……Claire-Aude(p.7、p.8)、Nancy Ann(p.9)、Maddsie(p.10、p.18)、Emily(p.15)、Angelica Garla(p.16、p.17)、Primula(p.19)、Daisy Fields(p.20)、Fairford(p.22)、Tatum(p.23)、Mirabelle(p.24)、Edenham(p.25)

详细内容在利伯提碎片花布日本有限公司的网页上可以直接搜索。

http：//www.liberty-japan.co.jp/

A 利伯提碎花笔记本

在厚厚的笔记本上贴上利伯提碎花布，制作一个
属于自己的笔记本。

图片来源：Claire-Aude#TE(利伯提日本)。

怎么做……（参照 P.30）

大实物纸 A 面

B 利伯提碎花卡片包

让一块小小的碎布也大变身吧。

图片来源：Nancy Ann#BE(利伯提日本)

怎么做……（参照 P.31）

大实物纸 A 面

C 休闲衬衫

可以让人放松的蓬蓬松家居服十
分好看。

图片来源：Claire-Aude#TE
（利伯提日本）

怎么做……（参照 P.30）

大实物纸 A 面

D 七分裤

容易活动的七分裤，可以和腰间
的蝴蝶结完美地搭配在一起。

图片来源：Claire-Aude#TE
（利伯提日本）

怎么做……（参照 P.33）

大实物纸 A 面

E 蝴蝶结吊衫

肩膀处的蝴蝶结可以取下来。

图片来源：Nancy Ann#BE(利
伯提日本)

怎么做……（参照 P.34）

大实物纸 A 面

F 长裤

将裤脚卷起来一点的话，就和吊衫形成一组
利伯提碎花的搭配了。

图片来源：Nancy Ann#BE(利伯提日本)

怎么做……（参照 P.35）

大实物纸 A 面

G 打底裙

领口重叠的 V 字造型，将脸更加凸显出来，
淡雅的小花纹非常美丽。

图片来源：Maddsie #ZE（利伯提日本）

怎么做……（参照 P.36）

大实物纸 A 面

H 手提包

图片来源：Maddsie #ZE（利伯提日本）

怎么做……（参照 P.38）

大实物纸 A 面

ⅠⅤ 领连衣裙

可以通过调整肩带的长度来调整袖子的长度。轻
快可爱的粉红系是佩斯利系花纹的主要特征。

图片来源：Hope#WE(利伯提日本)

怎么做……（参照 P.39）

大实物纸 B 面

J 圆领肩带连衣裙

少女型的设计。

肩带交叉在后面时的背影也是很不错的。

图片来源：Kitty Grace#DE (利伯提日本)

怎么做……（ 参照 P.41 ）

大实物纸 A 面

K 荷叶边上衣

有松紧的收腰，穿起来特别舒服的上衣。
褶皱的荷叶边显得整件衣服非常的可爱、甜美。

图片来源：Pelagia #CE(利伯提日本)

怎么做……（参照 P.43）

大实物纸 A 面

L 套头吊带衫

有许多褶皱的可爱吊带衫。

根据使用的布料不同，风格会有些改变。

可以自由地调整长短，形成自己的风格。

图片来源 Emily #ZE(利伯提日本)

怎么做……（参照 P.45）

大实物纸 A 面

M 单肩吊带裙

只有一种花纹，比较朴素的设计。

和牛仔裤搭配穿在一起会特别的舒服。

图片来源 Angelica Garla #CE（利伯提日本）

怎么做……（参照 P.46）

大实物纸 B 面

N 刺绣上衣

刺绣更加体现了衣服的手工制作感。衣领和袖
口处也特别地用心做。整个上衣显得特别柔和。
图片来源 Angelica Garla #CE(利伯提日本)

怎么做⋯⋯（参照 P.48）

大实物纸 A、B 面

○ 蝴蝶结上衣

将各个部分用直线缝起来就完成了。大蝴蝶结是整个舒缓风格上衣的点睛之处。

图片来源 Maddise #ZE(利伯提日本)

怎么做……（参照 P.50）

大实物纸 B 面

P 裙裤

和长袜紧身裤特别配，裙裤可以随心所
欲地自由穿。

图片来源 Primula #ZE(利伯提日本)

怎么做……（参照 P.51）

大实物纸 B 面

Q 前扣式连衣裙

将前面的扣子解开，敞着衣服可以体验到
穿几层衣服的感觉。百搭的设计。

图片来源 Daisy Fields #YE(利伯提日本)

怎么做……（参照 P.52）

大实物纸 A 面

R 扇贝状吊带衫

将 E 型纸的长度稍微留长一点，充分利用
了扇贝形状的设计。

怎么做……（参照 P.54）

大实物纸 A 面

S 蝙蝠袖连衣裙

领口内里和袖口的地方点缀着利伯提碎花
布，在旁边有个小口袋。

图片来源 Poppy&Daisy #KE(利伯提日本)

怎么做……（参照 P.55）

大实物纸 B 面

T 布艺项链

就将它缝成筒状，特别容易制作。

图片来源 Poppy&Daisy #KE(利伯提日本)

怎么做……（参照 P.56）

U 正反两穿蝙蝠袖连衣裙

细小的花纹和淡淡的亚麻布搭配在一起，
出门的时候可以穿着它。
图片来源 Fairford #BE(利伯提日本)

怎么做……（参照 P.57）

大实物纸 B 面

V 褶皱连衣裙

复古红的连衣裙。

脖子上的同款围巾也可以系在腰那里。

图片来源 Tatum #EE(利伯提日本)

怎么做……(参照 P.58)

大实物纸 A 面

W 正反两穿布衬衫

将自己最喜欢的利伯提碎花和米白色布料
搭配在一起。

图片来源 Mirabelle #CE(利伯提日本)

怎么做……（参照 P.60）

大实物纸 B 面

X 手提包和胸花

和衬衫一套的手提包包。

图片来源 Mirabelle #CE(利伯提日本)

怎么做……（参照 P.61）

大实物纸 B 面

Y 宽带吊衫裙

不需要型纸的吊衫裙。短短的吊衫和长裙
特别搭配。

图片来源 Edenham #KE(利伯提日本)

怎么做……（参照 P.62）

Z 褶皱长裙

在口袋的部分使用了利伯提碎花布。

图片来源 Edenham #KE(利伯提日本)

怎么做……（参照 P.63）

大实物纸 B 面

快乐的手工缝制活

享受手工活的工具

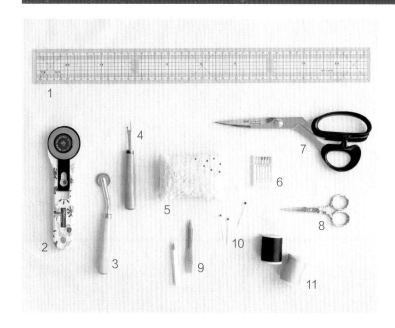

1. 规尺
在布上做记号，或是测量窝边做记号时使用的工具。

2. 旋转剪刀
在裁剪布料的时候，配合着规尺一块使用。

3. 轮盘
在大型纸上面摹写图画的时候使用的。

4. 粗齿锯
用来切缝合处的线头。在解开针脚缝合处的时候比较方便。

5. 插针包
插绷针的时候用。

6. 针
根据布的厚度来选用适合的针。

7. 剪裁剪刀
专门剪布的剪刀。

8. 手工剪刀
适合做细致手工活的剪刀。

9. 划粉铅笔
画窝边线或标注印记的时候使用。

10. 绷针
在缝布的时候用。

11. 缝线
尼龙、棉花的话，用 60 号线；厚布用 50 号线；薄布用 90 号线。

关于布

布的宽度
● 普通宽（110～120cm）…棉布、化纤布等。
● 单宽（90～92cm）…格子布、丝绸、绒面呢等。
● 双宽（145～150cm）…亚麻布、羊毛材质等。
● 半双宽（135cm）…羊毛材质等。

布的晾干与拉直
为了防止布料的缩水，并保持布纹的垂直，需要在剪裁布料之前将布料拉直。
1. 泡水。
2. 晾干。
3. 在半干的时候开始拉直，边角尽量拉成直角。
4. 在半干的时候，沿着布纹用熨斗进行烫熨。

布的名称
● 布宽…布的左边缘到右边缘的距离。
● 布边…缝线翻折的两端。
● 竖纹…和布边平行的布纹，在剪裁图中用箭头表示。
● 横纹…和布边呈直角的布纹。
● 对角…和竖纹呈 45 度角，比较容易伸缩。

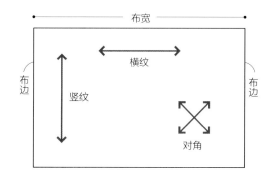

做型纸

实物大型纸

1. 在实物大型纸上面蒙上牛皮纸，固定好防止移动，用铅笔描绘。型纸中表示折叠处、布纹线、口袋位置等的图示也要描出来。

2. 将牛皮纸取下来，沿着画好的线进行裁剪。

裁剪

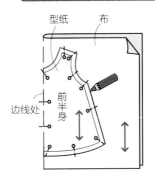

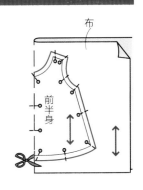

1. 裁剪方式仅供参考，为了能够笔直地裁剪，将布从中间对折，之后将型纸放在布上，注意将两个的边线处重合在一起。型纸用绷针给固定住。

2. 将画好的线及剪裁图示中所标注的窝边用划粉铅笔标注，之后将布平放，在裁剪的时候，尽量不要让布移动。

16 参考尺寸（身高160cm）			
小号	胸围 77～80cm	中号 胸围 81～84cm	大号 胸围 85～89cm
	腰围 56～60cm	腰围 61～65cm	腰围 66～70cm
	臀围 82～86cm	臀围 87～91cm	臀围 92～95cm

裁缝的基本

边线处
可以将布折叠成两部分的结合处。

边线处

中表和外表
折叠布料等时把叠在里面的面叫作中表，将叠在表面的面叫作外表。

表面 / 里面 / 中表

24 里面 / 表面 / 外表

缝合开始，缝合结束
缝合开始，缝合结束是为了不脱线而缝的1厘米左右的针线，之后就在中间来回缝合。

来回缝合

三折、四折
三折
将衣角或是袖子的地方在折一次，之后将布边再折一次。

四折
斜布或是做蝴蝶结等东西的时候，将布对折后，在中心再次折叠。

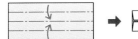 ⮞

对斜布
沿着布边45度角方向剪切自己所需要的斜布。

斜布的缝合方法
将两张斜布沿着中表垂直的方向进行缝合。将窝边分开，多余的窝边可以剪掉。

斜布宽 / 里面 / 表面 / 剪掉 / 里面 / 窝边劈缝

27

缝肩线

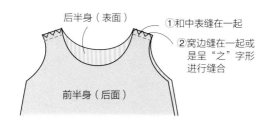

后半身（表面）
①和中表缝在一起
②窝边缝在一起或是呈"之"字形进行缝合
前半身（后面）

前半身和后半身要按照中表的形状进行肩线的缝合。

缝合袖口

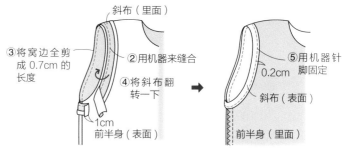

斜布（里面）
③将窝边全剪成 0.7cm 的长度
②用机器来缝合
④将斜布翻转一下
1cm
前半身（表面）
⑤用机器针脚固定
0.2cm
斜布（表面）
前半身（里面）

①从腋下开始将斜布和前半身的布料按照中表的方式进行缝合，在刚开始缝合的地方，空出 1cm 左右的布料，折叠一下

做领口开衫

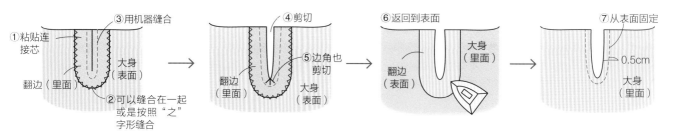

①粘贴连接芯
③用机器缝合
翻边（里面）
大身（表面）
②可以缝合在一起或是按照"之"字形缝合

④剪切
翻边（里面）
⑤边角也剪切
大身（表面）

⑥返回到表面
翻边（表面）
大身（里面）

⑦从表面固定
0.5cm
大身（里面）

1. 首先提前在翻边的地方贴上粘贴芯，周围缝合在一起或是呈"之"字形。将大身和翻边按照中表的形式折叠在一起，最后用机器来缝合。

2. 进行剪切，这时注意不要将缝好的线给剪切断了。

3. 将翻边翻到表面，用熨斗熨熨。

4. 从表面固定。

口袋的制作，安装方法

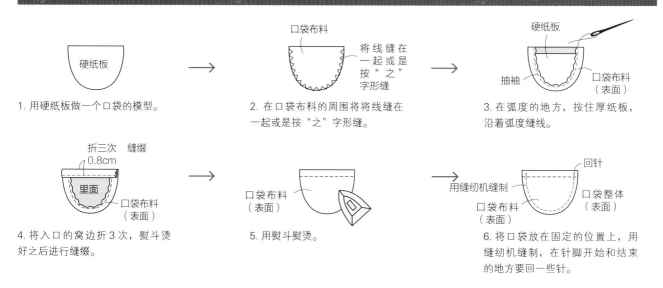

硬纸板

口袋布料
将线缝在一起或是按"之"字形缝

硬纸板
抽袖
口袋布料（表面）

1. 用硬纸板做一个口袋的模型。

2. 在口袋布料的周围将将线缝在一起或是按"之"字形缝。

3. 在弧度的地方，按住厚纸板，沿着弧度缝线。

折三次 缝缀
0.8cm
里面
口袋布料（表面）

口袋布料（表面）

回针
用缝纫机缝制
口袋布料（表面）
口袋整体（表面）

4. 将入口的窝边折 3 次，熨斗烫好之后进行缝缀。

5. 用熨斗熨烫。

6. 将口袋放在固定的位置上，用缝纫机缝制，在针脚开始和结束的地方要回一些针。

斜口袋的制作方法

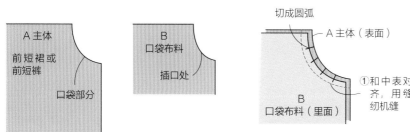

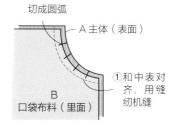

1. 将两个口袋对齐后缝到一起。

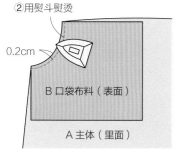

2. 返回到表面，用熨斗熨烫下。

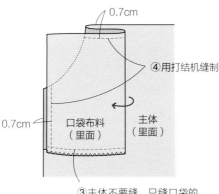

③主体不要缝，只缝口袋的底部，将2片口袋布料笔直的缝制或是按"之"字形缝

衣褶的制作方法

①用两根粗缝纫机针缝

线条

②拉一下线，衣褶就出来了

短裙（表面）

用两个粗针缝，
拉一下线衣褶就出来了。

3. 将口袋布料折成中表状，只缝底部。
4. 窝边用打结机缝合。

侧缝袋的做法

现在口袋的入口处沾上粘贴胶带，将胶带做成之字形

1. 在安装口袋的位置贴上粘贴胶带，边上的窝边做成之字形。

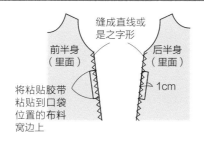

缝成直线或是之字形

前半身（里面）　后半身（里面）

将粘贴胶带粘贴到口袋位置的布料窝边上

1cm

2. 将前半身和后半身都弄成中表的状态，然后将在口袋口形成的线缝起来。

将形成的线缝起来

前半身（里面）　后半身（里面）

口袋布料（里面）　（里面）

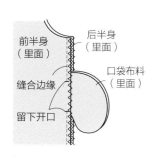

前半身　后半身（里面）

口袋布料（里面）

缝合边缘

留下开口

3. 将前半身和后半身做成中表的状态，按照中表的格式将口袋抽出来，注意要留下开口，将边缘缝合起来。

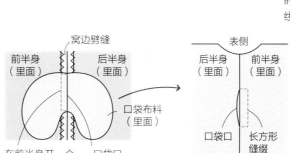

窝边劈缝

前半身（里面）　后半身（里面）

口袋布料（里面）

在前半身开一个长方形的缝缀　口袋口

表侧

后半身（里面）　前半身（里面）

口袋口　长方形缝缀

4. 将边线和窝边切开，口袋也要切开一点点。

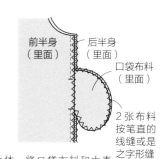

前半身（里面）　后半身（里面）

口袋布料（里面）

2张布料按笔直的线缝或是之字形缝

5. 避开主体，将口袋布料和中表配合，缝制周边。2张布料按笔直的线缝或是"之"字形缝。

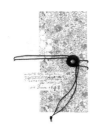

A 利伯提碎花布的笔记本

照片见第 7 页

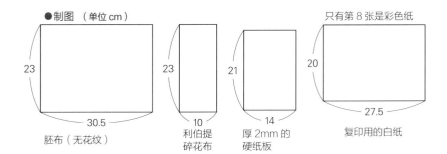

●制图 （单位 cm）

23 / 30.5
胚布（无花纹）

23 / 10
利伯提碎花布

21 / 14
厚 2mm 的硬纸板

只有第 8 张是彩色纸
20 / 27.5
复印用的白纸

怎么做

1 在胚布上包上利伯提碎花布

胚布（表面）
23cm / 30.5cm
10cm
利伯提碎花布（表面）
23cm
沿着边角用接续线贴好

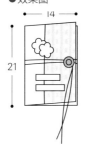

●效果图

← 14 →
21

●材料

硬纸板　21×14cm　2 张
白纸　20×27.5cm　8 张
软线 0.1cm 粗　100cm
胚布　23×30.5cm
利伯提碎花布　23×10cm

捻缝扣 直径 1cm 一对
皮革 直径 2cm
蕾丝，英文字母 几个
接着剂

2 在胚布上贴好硬纸板

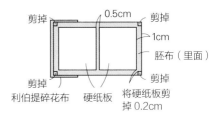

剪掉　0.5cm　剪掉
1cm
胚布（里面）
剪掉　剪掉
利伯提碎花布　硬纸板　将硬纸板剪掉 0.2cm

3 窝边边角布朝里折，粘住

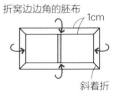

折窝边边角的胚布
1cm
斜着折

4 做笔记本页纸

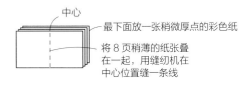

中心
最下面放一张稍微厚点的彩色纸
将 8 页稍薄的纸张叠在一起，用缝纫机在中心位置缝一条线

5 将纸粘贴到做好的外壳上

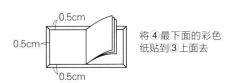

0.5cm
0.5cm
0.5cm
将④最下面的彩色纸贴到③上面去

6 捻缝

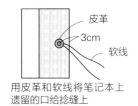

皮革
3cm
软线
用皮革和软线将笔记本上遗留的口给捻缝上

7 贴上蕾丝，英文字母等东西就完成了

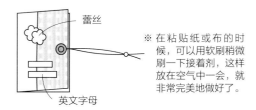

蕾丝
英文字母
※ 在粘贴纸或布的时候，可以用软刷稍微刷一下接着剂，这样放在空气中一会，就非常完美地做好了。

B 利伯提碎花卡片包

照片见第 7 页

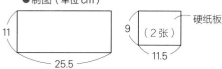

●制图（单位 cm）

11 ── 25.5 （胚布（无花纹））

9 （2 张） 11.5 硬纸板

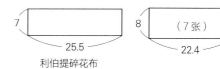

7 ── 25.5 利伯提碎花布

8 （7 张） 22.4 肯特纸

●效果图

9 ── 11.5

●材料
硬纸板 9×11.5cm 2 张
肯特纸 8×22.4cm 7 张
玻璃纸袋子 31×22.5cm 6 张
胚布 11×22.5cm
利伯提碎花布 7×25.5cm
松紧带 0.5cm 宽 21cm
接线
蕾丝素材
英语字母

 怎么做

① 在胚布上贴利伯提碎花布

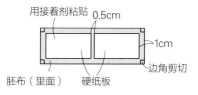

利伯提碎花布（表面）

胚布（表面）

用接着剂粘贴

② 在胚布上贴利伯提碎花布

用接着剂粘贴　0.5cm

1cm

胚布（里面）　硬纸板　边角剪切

③ 窝边向里折，粘贴

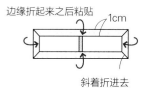

边缘折起来之后粘贴　1cm

斜着折进去

④ 做卡片包

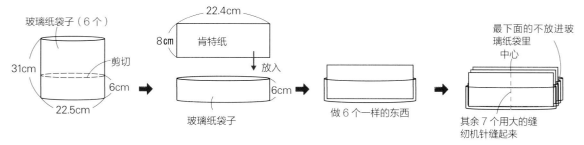

玻璃纸袋子（6 个）

31cm　剪切　6cm

22.5cm

22.4cm　8cm　肯特纸　放入

玻璃纸袋子　6cm

做 6 个一样的东西

最下面的不放进玻璃纸袋里　中心

其余 7 个用大的缝纫机针缝起来

⑤ 将卡片包粘贴到胚布上

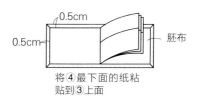

0.5cm　0.5cm　胚布

将④最下面的纸粘贴到③上面

⑥ 将松紧带缝成圆形，贴上蕾丝，英文字母等就做好了

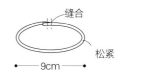

缝合　松紧　9cm

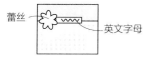

蕾丝　英文字母

C 休闲衬衫

照片见第 8 页

● **材料**

利伯提碎花布 (Claire-Aude#E)

112cm 宽（有效宽 110cm）×130cm

松紧带 0.8cm 宽 60cm

● **实物大型纸 A 面**

◎前大身　◎后大身　◎袖子

怎么做

● **裁剪方法**　（单位 cm）指定以外的窝边为 1cm

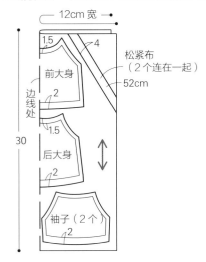

12cm 宽

1.5　　4

前大身

松紧布
（2 个连在一起）

52cm

边线处

2

30

1.5

后大身

2

袖子（2 个）

2

1　将大身和袖子缝合

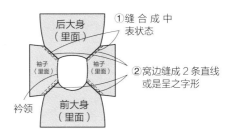

①缝合成中表状态

②窝边缝成 2 条直线或是呈之字形

后大身（里面）

袖子（里面）　袖子（里面）

衿领

前大身（里面）

2　领围折 3 次，再缝合

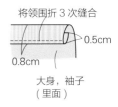

将领围折 3 次缝合

0.5cm

0.8cm

大身，袖子（里面）

3　在离领口 2 厘米的地方剪切一个松紧带口

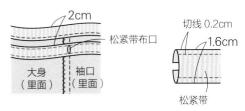

2cm

松紧带布口

切线 0.2cm

1.6cm

大身（里面）

袖口（里面）

松紧带

4　从袖子下方继续缝腋下部分

5　将衣角折 3 次，在缝合

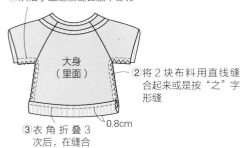

①从袖子出继续缝合腋下部分

大身（里面）

②将 2 块布料用直线缝合起来或是按"之"字形缝

③衣角折叠 3 次后，在缝合

0.8cm

6　衿领穿松紧带

穿松紧带

D 七分裤

照片见第 8 页

●材料

利伯提碎花布（Claire-Aude#TE）
　　　112cm 宽（有效宽 110cm）×80cm
亚麻布 110cm 宽 ×170cm
软线粗 0.3cm×180cm

●实物大型图 A 面
◎前裤　◎后裤

●裁剪方法　（单位 cm）
指定以外的窝边都是 1cm

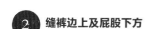

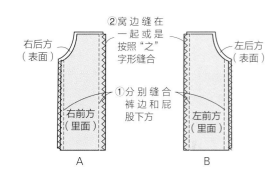

怎么做

1　做口袋和腰绳

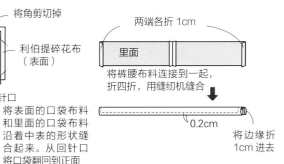

将角剪切掉

利伯提碎花布（表面）

回针口

亚麻口袋布料（里面）

两端各折 1cm

里面

将裤腰布料连接到一起，折四折，用缝纫机缝合

0.2cm

将边缘折 1cm 进去

将表面的口袋布料和里面的口袋布料沿着中表的形状缝合起来。从回针口将口袋翻回到正面

2　缝裤边上及屁股下方

右后方（表面）

②窝边缝在一起或是按照"之"字形缝合

左后方（表面）

右前方（里面）

①分别缝合裤边和屁股下方

左前方（里面）

A　　B

3　缝屁股上方

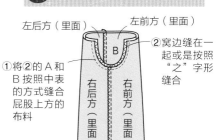

左后方（里面）　左前方（里面）

①将②的 A 和 B 按照中表的方式缝合屁股上方的布料

②窝边缝在一起或是按照"之"字形缝合

右后方（里面）　右前方（里面）A

4　做腰和裤脚的扣洞

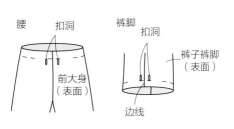

腰　扣洞

前大身（表面）

裤脚　扣洞

裤子裤脚（表面）

边线

将腰，裤脚折 3 次缝合

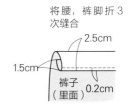

2.5cm

1.5cm

裤子（里面）

0.2cm

5　缝口袋

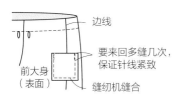

边线

要来回多缝几次，保证针线紧致

前大身（表面）

缝纫机缝合

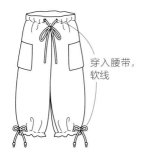

穿入腰带，软线

6　将腰，裤脚折 3 次缝合，穿入腰带，软线

E 蝴蝶结吊衫
照片见第 9 页

●材料
利伯提碎花布（Nancy Ann#BE）
112cm 宽（有效宽 110cm）×130cm

纽扣 直径 1.5cm 1 个
连接芯 13×6cm

●实物大型纸 A 面
◎前大身 ◎后大身 ◎后折边 ◎蝴蝶结肩带

怎么做

※ 在折边上先贴上连接芯

1 **在后背中心做一个开口领**

※ 参照第 28 页开口领的制作方法

3 **做衫领**

※ 参照第 28 页开口领的制作方法

①使用缝纫机将衣服大身和衫领用的斜纹布按照中表的方式缝合到一起

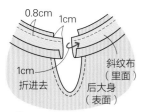
0.8cm 1cm
1cm
折进去
斜纹布（里面）
后大身（表面）

②将斜纹布翻到表面夹着环扣进行缝缀
环扣
1.2cm
后大身（里面）

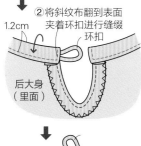

③按纽扣
纽扣
后大身（表面）

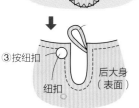

●裁剪方法 （单位 cm）制定以外的窝边为 1cm

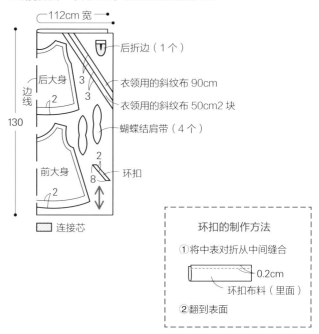

112cm 宽
后折边（1 个）
衣领用的斜纹布 90cm
衣领用的斜纹布 50cm2 块
蝴蝶结肩带（4 个）
环扣
后大身 3 3 2
边线
130
前大身 2
2
8
连接芯

环扣的制作方法
①将中表对折从中间缝合
0.2cm
环扣布料（里面）
②翻到表面

2 **缝肩线**

※ 参照第 28 页缝肩线的方法

4 **缝边**

5 **做袖领**

※ 参照第 28 页

6 **缝衣角**

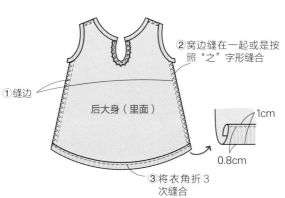
①缝边
后大身（里面）
②窝边缝在一起或是按照"之"字形缝合
③将衣角折 3 次缝合
1cm
0.8cm

7 **做两个蝴蝶结，连接肩带**

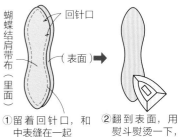
蝴蝶结肩带布（里面）
回针口
（表面）
①留着回针口，和中表缝在一起
②翻到表面，用熨斗熨烫一下，将回针口缝合

③打肩带

长裤

照片见第 9 页

● 裁剪方法　（单位 cm）
指定以外的窝边都是 1cm

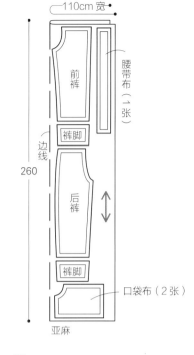

● 材料

利伯提碎花布（Nancy Ann#BE）
　　　　112cm(有效宽 110cm)×25cm

软线　粗 0.3cm×120cm

松紧带　2cm×70cm

连接芯 4×4cm

● 实物大型纸　A.B 面
◎ 前裤（A）　◎ 后裤（A）　◎ 口袋（A）
◎ 腰带（A）　◎ 裤脚（B）

裤脚定型

参照距离裤脚 10cm 左右的裤子中间形状，来定型裤脚

怎么做

1 前裤上装口袋

※ 参照 29 页斜口袋的制作方法

2 缝合裤边及屁股下方

※ 参照 33 页的 D

3 缝合屁股上方

※ 参照 33 页的 D

4 做裤脚

※ 参照 29 页斜口袋的制作方法

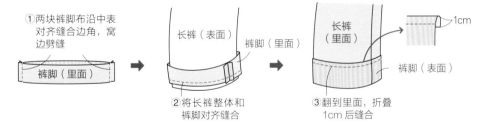

5 穿腰带，软线和松紧带

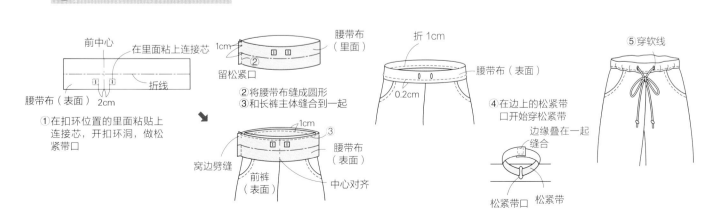

G 打底裙

照片见第 10 页

● **材料**

利伯提碎花布（Maddsie#ZE）

　　　　112cm 宽（有效宽 110cm）×250cm

连接芯 2.5×60cm

● **实物大型纸　A 面**

◎ 前大身　◎ 后大身　◎ 口袋

● 制图　（单位 cm）指定以外的窝边为 1cm

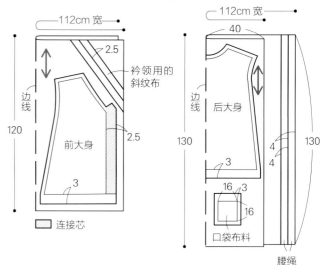

连接芯

衿领用的斜纹布

前大身

后大身

口袋布料

腰绳

怎么做

※ 在前大身的两个前端先贴上连接芯

※ 将边线缝在一起或是按照"之"字形缝合

①　缝肩线

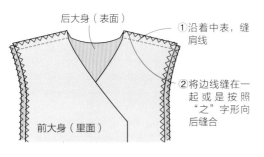

后大身（表面）

①沿着中表，缝肩线

②将边线缝在一起或是按照"之"字形向后缝合

前大身（里面）

②　将边线缝到结线，缝袖口

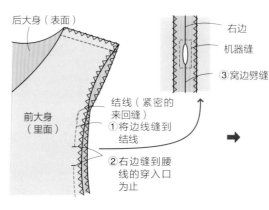

后大身（表面）

前大身（里面）

结线（紧密的来回缝）

①将边线缝到结线

②右边缝到腰线的穿入口为止

右边

机器缝

③窝边劈缝

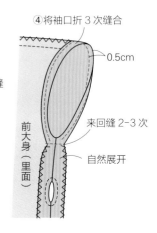

④将袖口折 3 次缝合

0.5cm

前大身（里面）

来回缝 2-3 次

自然展开

③　做腰绳

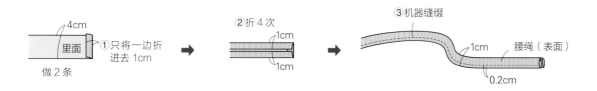

4cm

里面

①只将一边折进去 1cm

做 2 条

②折 4 次

1cm

1cm

③机器缝缀

1cm

腰绳（表面）

0.2cm

4 缝前端

前端窝边的处理方法
将窝边叠起来，剪切

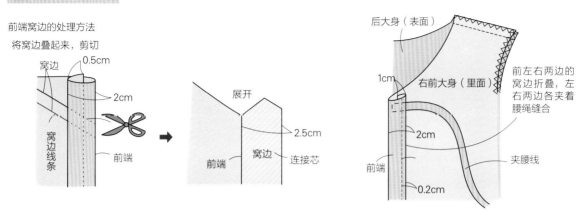

窝边
0.5cm
2cm
窝边线条
前端

展开
2.5cm
前端 窝边 连接芯

后大身（表面）
1cm
右前大身（里面）
前左右两边的窝边折叠，左右两边各夹着腰绳缝合
2cm
夹腰线
前端
0.2cm

5 衿领用斜布处理

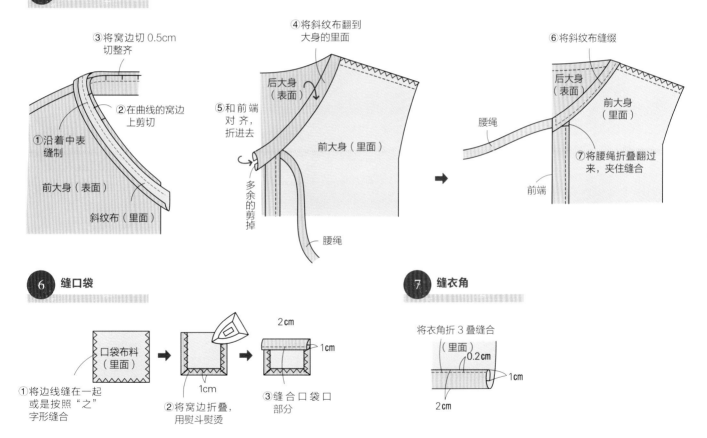

③将窝边切 0.5cm 切整齐
②在曲线的窝边上剪切
①沿着中表缝制
前大身（表面）
斜纹布（里面）

④将斜纹布翻到大身的里面
后大身（表面）
⑤和前端对齐，折进去
前大身（里面）
多余的剪掉
腰绳

⑥将斜纹布缝缀
后大身（表面）
前大身（里面）
腰绳
⑦将腰绳折叠翻过来，夹住缝合
前端

6 缝口袋

口袋布料（里面）
①将边线缝在一起或是按照"之"字形缝合

②将窝边折叠，用熨斗熨烫
1cm

2cm
1cm
③缝合口袋口部分

7 缝衣角

将衣角折 3 叠缝合
（里面）
0.2cm
1cm
2cm

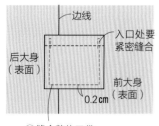

边线
入口处要紧密缝合
后大身（表面）
前大身（表面）
0.2cm
④缝合整体口袋

H 手提包

照片见第 10 页

●材料

利伯提碎花布（Maddsie#ZE）80×45cm 5×55cm
棉花（布胚）27×74cm 5×55cm
蝴蝶结布 3.8cm 宽 ×45cm
连接芯 5×55cm

●制图 （单位 cm）制定外的窝边为 1cm

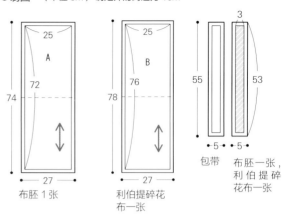

布胚 1 张

利伯提碎花
布一张

包带
布胚一张，
利伯提碎
花布一张

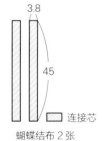

蝴蝶结布 2 张

连接芯

怎么做

1 将 A 布和 B 布的中表都对折，缝边线

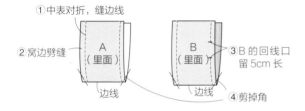

①中表对折，缝边线

②窝边劈缝

A（里面）
边线

B（里面）
边线

③B 的回线口
留 5cm 长

④剪掉角

2 将 A 包和 B 包沿着中表对齐，缝开口部分

①将 A 包和 B 包沿着中表
对齐，缝开口部分

A（表面）

B（里面）

②从回线口将包翻
过来，然后手缝
住回线口

12cm

B（表面）

③一周缝好之后，
将上面向外部
倾斜

12cm

B（表面）

3 制作包带、蝴蝶结，缝合

包带

包带沿着中表缝合，从回线
口将包翻到表面，将回线口
缝合

边角剪掉

预留回线口

1cm

蝴蝶结

将蝴蝶结布折 4 折，两端
各折 1cm 最后将沿着周围
缝缀

做 2 条

缝合位置

1cm

1cm

中心

ⅠⅤ领连衣裙

照片见第 11 页

● 材料

利伯提碎花布（Hope#WE） 112cm 宽（有效宽
110cm）×260cm
连接芯 2×2cm

● 实物大型纸 A 面

◎ 前大身 ◎ 后大身

● 裁剪方法 （单位 cm）指定以外的窝边都是 1cm

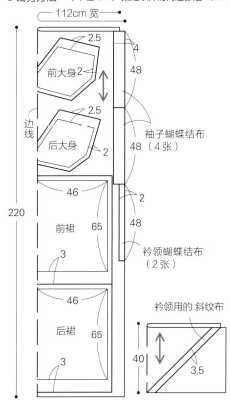

怎么做

① 做 4 个袖领蝴蝶结和 2 个衿领蝴蝶结

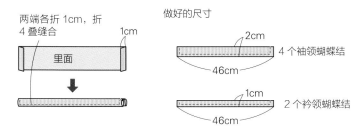

两端各折 1cm，折
4 叠缝合

1cm

里面

做好的尺寸

2cm
4 个袖领蝴蝶结
46cm

1cm
2 个衿领蝴蝶结
46cm

② 缝合大身边线

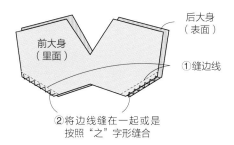

前大身
（里面）

后大身
（表面）

①缝边线

②将边线缝在一起或是
按照"之"字形缝合

③ 缝袖口

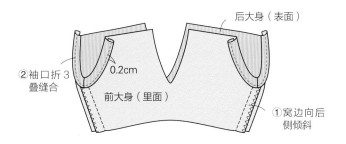

后大身（表面）

②袖口折 3
叠缝合

0.2cm

前大身（里面）

①窝边向后
侧倾斜

④ 缝肩线

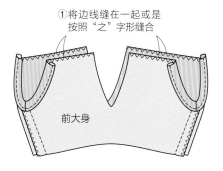

①将边线缝在一起或是
按照"之"字形缝合

前大身

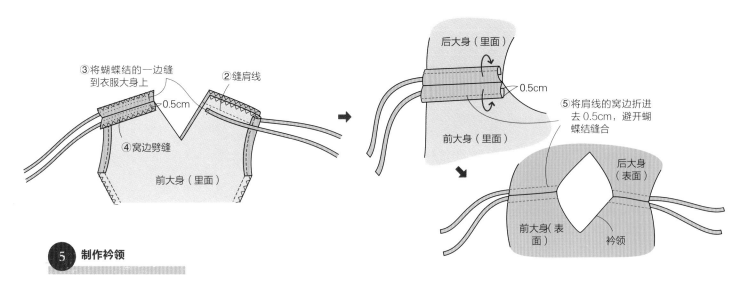

③将蝴蝶结的一边缝
到衣服大身上

②缝肩线

0.5cm

④窝边劈缝

前大身（里面）

后大身（里面）

0.5cm

⑤将肩线的窝边折进
去0.5cm，避开蝴
蝶结缝合

后大身（表面）

前大身（表面）

衿领

5 制作衿领

①制作一个90cm的斜布
②在前大身衿领中心的里
面粘贴上连接芯

③将衿领和蝴蝶结的位置
固定好

前 V 展开，笔
直的缝线

⑤制作前 V

前中心

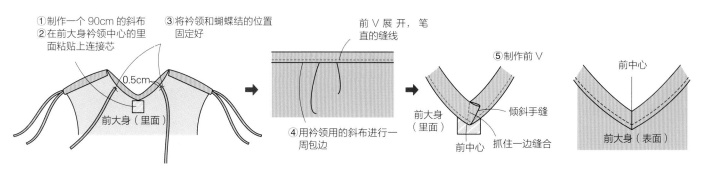

0.5cm

前大身（里面）

④用衿领用的斜布进行一
周包边

前大身
（里面）

倾斜手缝

抓住一边缝合

前中心

前大身（表面）

6 缝前裙边线

①将前裙和后裙沿中
表叠起来，缝边线

后裙（表面）

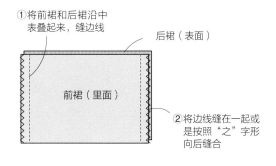

前裙（里面）

②将边线缝在一起或
是按照"之"字形
向后缝合

7 将裙子和大身结合缝起

中心和边对齐

大身（表面）

①用粗针缝合，制
作衣褶

②大身和裙子对齐
沿中表缝合

裙子（里面）

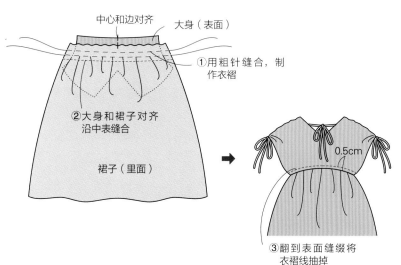

0.5cm

③翻到表面缝缀将
衣褶线抽掉

8 缝衣角

（里面）

0.2cm

衣角折3叠缝合

J 圆领肩带连衣裙

照片见第 12 页

● 材料
亚麻 110cm 宽 ×185cm
利伯提碎花布 (Kitty Grace#DE)
　　　　112cm 宽（有效宽 110cm）×150cm
弹簧扣 1 对
连接芯 40×40cm

● 实物大型纸　A 面
◎ 前大身　◎ 后大身　◎ 袖子　◎ 衿
◎ 后折边　◎ 口袋

● 裁剪方法　（单位 cm）指定以外的窝边都是 1cm

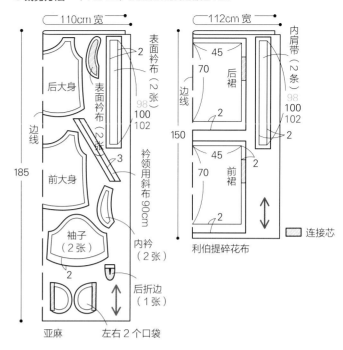

怎么做

※ 表衿布 2 张，折边，口袋入口布，裙子
在缝口袋处事先粘贴连接芯

① **做肩带**

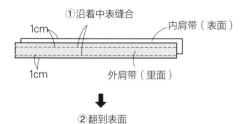

② **前大身和后大身对齐，沿着中表缝合边线**

※ 参照第 28 页缝合肩线

③ **在后中心制作开领**

※ 参照第 28 页制作开领，将折边翻到表面之前，用绷线将 4 所做的衿给固定。

④ **制作衿领**

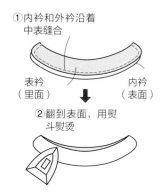

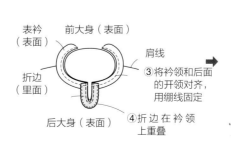

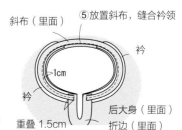

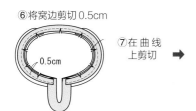

⑥将窝边剪切 0.5cm

0.5cm

⑦在曲线上剪切

⑧折边向大身方向倾斜，之后用熨斗熨烫
⑨斜布也是向大身里面倾斜，之后从表面缝缀

0.2cm

5 缝袖子

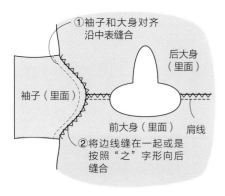

①袖子和大身对齐沿中表缝合

后大身（里面）

袖子（里面）

前大身（里面）

肩线

②将边线缝在一起或是按照"之"字形向后缝合

6 从袖下开始缝边线

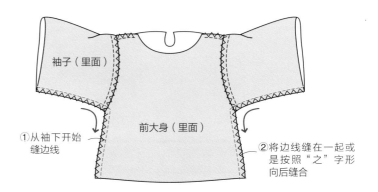

袖子（里面）

前大身（里面）

①从袖下开始缝边线

②将边线缝在一起或是按照"之"字形向后缝合

7 缝袖口

0.8cm

1cm

袖口折 3 次缝合

8 在裙子上缝合无缝口袋

※ 参照第 29 页的无缝口袋缝合方法

9 在裙上做衣褶，夹着肩带和大身缝合

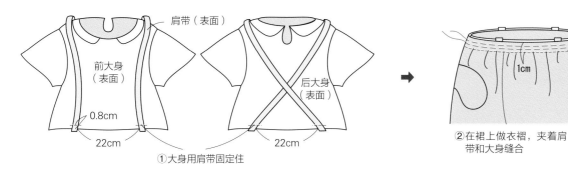

肩带（表面）

前大身（表面）

0.8cm

22cm

①大身用肩带固定住

后大身（表面）

22cm

粗线针缝合

2cm

1cm

无缝口袋

②在裙上做衣褶，夹着肩带和大身缝合

10 缝衣角

（里面）

0.2cm

1cm

1cm

衣角折叠 3 次缝合

11 安装弹簧扣

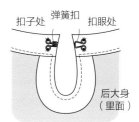

扣子处

弹簧扣

扣眼处

后大身（里面）

K 荷叶边上衣

照片见第 14 页

● 材料

利伯提碎花布（Pelagia#CE）112cm 宽（有效宽 110cm）×280cm

松紧 1cm 宽 7cm

连接芯 30×35cm

● 实物大型纸 A 面

◎ 前大身　◎ 后大身　◎ 袖子　◎ 折边

怎么做

① 做折边

① 在折边的里面粘贴上连接芯，周围边线缝在一起或是按照"之"字形缝合

② 和前大身中表对齐缝合

③ 在前中心做剪口，注意不要将缝合线剪断

0.8cm 的剪口

1cm

④ 将折边翻到表面，从表面进行缝缀

3.5cm

0.2cm

前大身（表面）

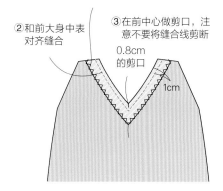

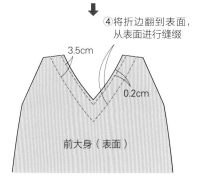

● 裁剪方法　（单位 cm）指定外的窝边都是 1cm

112cm 宽

前大身

边线

垫布（2 张）

4

75

后大身

4

衿领用的斜布 50cm

荷叶边布 75cm2 张

3

280

3

袖子（2 个）

3

折边（1 个）

连接芯

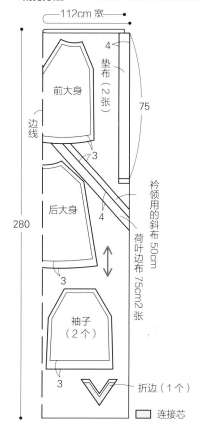

② 安装袖子

※ 参照第 32 页的大身和衣角对齐缝合方法

③ 从袖下开始缝合边线

后大身（表面）

在安装袖子的基础上，将大身和袖子沿着中表缝合起来

将窝边缝在一起或是按照"之"字形向后倾斜缝合

袖子（里面）

前大身（里面）

从袖下开始缝合边线

将窝边缝在一起或是按照"之"字形向大身倾斜缝合

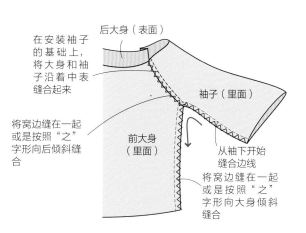

4 制作荷花叶衣褶，用斜布包围起来

① 用粗针缝合衬领，制作衣褶

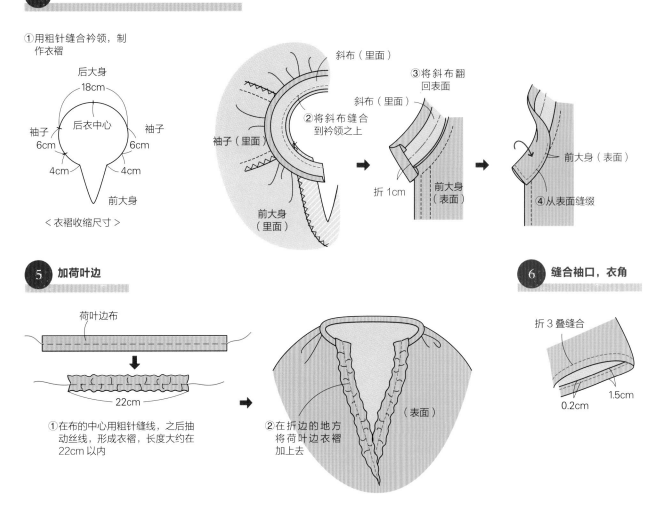

后大身
18cm
后衣中心
袖子 6cm ... 6cm 袖子
4cm ... 4cm
前大身

< 衣褶收缩尺寸 >

斜布（里面）
③ 将斜布翻回表面
斜布（里面）
② 将斜布缝合到衬领之上
袖子（里面）
前大身（里面）

折 1cm
前大身（表面）

前大身（表面）
④ 从表面缝缀

5 加荷叶边

荷叶边布

22cm

① 在布的中心用粗针缝线，之后抽动丝线，形成衣褶，长度大约在 22cm 以内

② 在折边的地方将荷叶边衣褶加上去
（表面）

6 缝合袖口，衣角

折 3 叠缝合
1.5cm
0.2cm

7 垫上垫布，装入松紧

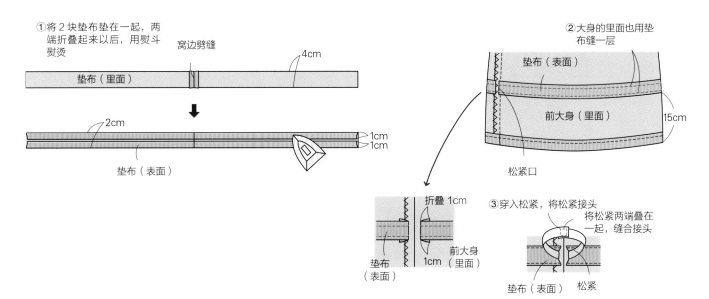

① 将 2 块垫布垫在一起，两端折叠起来以后，用熨斗熨烫

窝边劈缝
4cm
垫布（里面）

2cm
垫布（表面）
1cm
1cm

② 大身的里面也用垫布缝一层

垫布（表面）
前大身（里面）
15cm
松紧口

折叠 1cm
垫布（表面）
前大身（里面）
1cm

③ 穿入松紧，将松紧接头将松紧两端叠在一起，缝合接头
垫布（表面）
松紧

L 套头吊带衫
照片见第 15 页

●材料

利伯提碎花布〔Emily #ZE〕112cm 宽〔有效宽 110cm〕×110cm

棉蕾丝 0.8cm 宽 ×100cm

●实物大型纸 A 面

◎前大身 ◎后大身

●裁剪方法 （单位 cm）制定以外的窝边都为 1cm

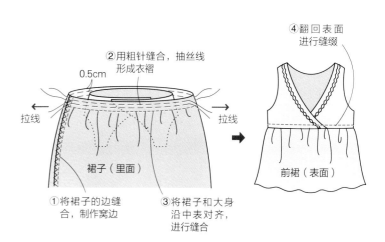

后大身

边线

斜布 袖领用约 120cm，衿领用约 110cm，

3

前大身

（左右共计 2 张）

110

前裙 55 30 2

后裙 55 30 2

怎么做

1 缝肩线、边线

②将 2 个缝在一起或是按照 "之" 字形向后倾斜缝合

①沿着中表缝合

后大身（表面）

前大身（里面）

2 制作衿领和袖领

①将大身和斜布沿着中表对齐缝合

前大身（表面）

斜布（里面）

②将斜布翻到表面，沿着针脚缝缀

1cm 1cm

前大身（里面）

斜布（表面）

3 加上蕾丝，将中心缝合

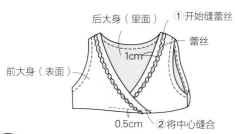

后大身（里面）

①开始缝蕾丝

蕾丝

1cm

前大身（表面）

0.5cm ②将中心缝合

4 裙子和大身缝合

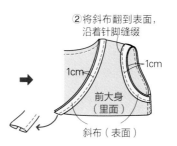

②用粗针缝合，抽丝线形成衣褶

0.5cm

拉线 拉线

裙子（里面）

①将裙子的边缝合，制作窝边

③将裙子和大身沿中表对齐，进行缝合

④翻回表面进行缝缀

前裙（表面）

5 缝衣角

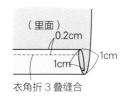

（里面）

0.2cm

1cm

1cm

衣角折 3 叠缝合

M 单肩吊带裙

照片见第 16 页

● 材料

利伯提碎花布（Angelica#Garla#CE）
112cm 宽（有效宽 110cm）× 170cm
连接芯 20×30cm

● 实物大型纸 B 面

◎前大身 ◎后大身 ◎前裙腰 ◎后裙腰

● 裁剪方法　（单位 cm）指定以外的窝边都是 1cm

```
前大身
边线      2
后大身    2
前裙腰
          肩带用斜布
后裙腰    3.2
          150
170
112cm
连接芯
```

怎么做

※ 事先在前裙腰的里面粘贴上连接芯

1 制作前裙腰

①将前裙腰的里布和外布沿着中表对齐缝合上面

②在曲线上剪切

前裙腰里布（表面）

前裙腰外布（里面）

③翻到表面，用熨斗熨烫

前裙腰里布（表面）

2 前裙腰和前大身对齐缝合

①在前大身的中心部分制作衣褶，长度和前裙腰的长度一致

前裙腰（表面）

用2根粗针缝合，制作衣褶

前大身（表面）

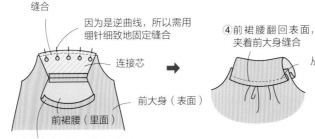

②前裙腰的外布和前大身沿着中表缝合

因为是逆曲线，所以需用绷针细致地固定缝合

连接芯

前裙腰（里面）

前大身（表面）

③将窝边折叠，用熨斗熨烫

④前裙腰翻回表面，夹着前大身缝合

从表面缝缀

③ 缝边线

①前大身和后大身沿中表对齐缝合

②窝边缝在一起或是按照"之"字形向后倾斜缝合

前大身（里面）

④ 装肩带

从腋下开始，用斜纹布做一个核桃状的肩带。

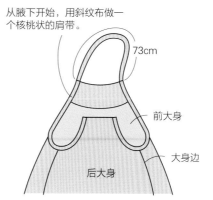

73cm

前大身

大身边

后大身

⑤ 制作后裙腰

①将2块后裙腰沿着中表对齐缝合

后裙腰（里面）

缝到底

卷窝边

②卷起窝边，用熨斗熨烫

③翻回表面，用熨斗熨烫

⑥ 后裙腰和后大身缝合

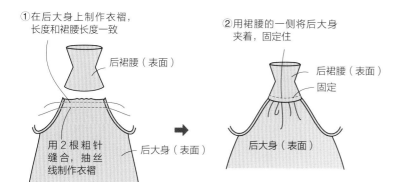
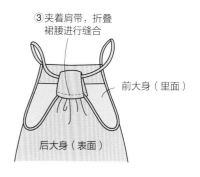

①在后大身上制作衣褶，长度和裙腰长度一致

后裙腰（表面）

用2根粗针缝合，抽丝线制作衣褶

后大身（表面）

②用裙腰的一侧将后大身夹着，固定住

后裙腰（表面）

固定

后大身（表面）

③夹着肩带，折叠裙腰进行缝合

前大身（里面）

后大身（表面）

⑦ 缝衣角

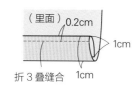

（里面）0.2cm

1cm

折3叠缝合　1cm

N 刺绣上衣

照片见第 17 页

● **材料**

利伯提碎花布（（Angelica#Garla#CE）
　　　　112cm 宽（有效宽 110cm）×210cm
棉花布（白色）连接芯 50×50cm
组合纽扣 直径 1.2cm 5 个
刺绣线
0.2cm 宽的软线 30cm

● **实物大型纸 A.B 面**

◎前大身（B）　◎后大身（A）　◎右裙腰 (B)　◎左裙腰（B）
◎开袖口（B）　◎袖口布（B）　◎袖子（A）　◎后折边（B）

● 裁剪方法　（单位 cm）指定以外的窝边都是 1cm

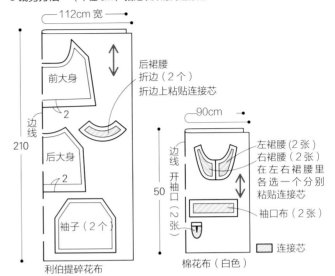

利伯提碎花布

棉花布（白色）

怎么做

① 在剪裁裙腰之前先绣刺绣

※ 刺绣的图案在实物大型纸中
※ 刺折边、裙腰布、袖口布、开袖处要事先贴好连接芯

② 缝合大身和袖子

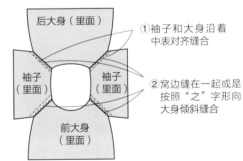

①袖子和大身沿着
中表对齐缝合

②窝边缝在一起或是
按照"之"字形向
大身倾斜缝合

③ 制作裙腰

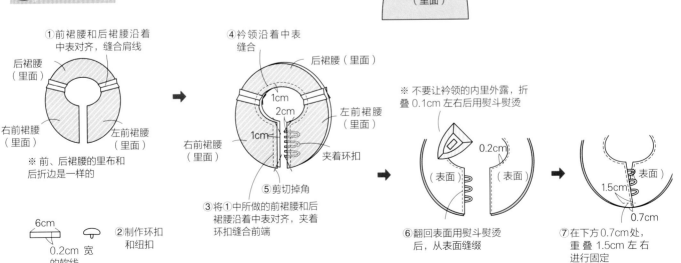

①前裙腰和后裙腰沿着
中表对齐，缝合肩线

※ 前、后裙腰的里布和
后折边是一样的

②制作环扣
和纽扣

④衿领沿着中表
缝合

③将①中所做的前裙腰和后
裙腰沿着中表对齐，夹着
环扣缝合前端

⑤剪切掉角

夹着环扣

※ 不要让衿领的内里外露，折
叠 0.1cm 左右后用熨斗熨烫

⑥翻回表面用熨斗熨烫
后，从表面缝缀

⑦在下方0.7cm处，
重叠 1.5cm 左右
进行固定

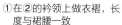

4 **在大身上面缝裙腰**

①在②的衿领上做衣褶，长度与裙腰一致

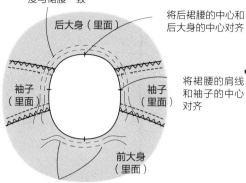

后大身（里面）

将后裙腰的中心和后大身的中心对齐

袖子（里面）　　　袖子（里面）

将裙腰的肩线和袖子的中心对齐

前大身（里面）

只在大身上做衣褶，用2根粗针缝合，抽丝线形成衣褶

②大身和裙腰沿着中表对齐缝合，窝边窝边缝在一起或是按照"之"字形缝合

0.2cm

③从表面进行缝缀避开形成衣褶的线

5 **在袖口开口**

【开袖口的方法参考第28页】

①袖口和开口沿着中表对齐缝合

②剪口　　　袖口

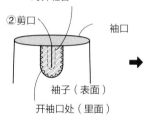

袖子（表面）

开袖口处（里面）

周围缝在一起或是按照"之"字形向大身倾斜缝合

③将开袖口的布翻到内侧从表面缝缀

0.2cm

袖子（表面）

④在袖口的窝边处制作衣褶

袖子（表面）

前面（表面）

线头留10cm左右

【缝合袖口布】

袖口布（里面）

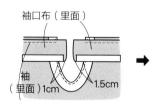

袖（里面）1cm　　1.5cm

①袖口布和袖子里布对齐缝合

1cm　　折1cm

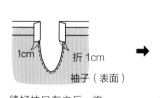

袖子（表面）

缝好袖口布之后，将衣褶线去掉

夹着环扣布折叠重合线

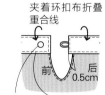

前　　后0.5cm

装订纽扣

②将袖口布返回来，夹着扣环从表面缝缀

6 **缝合衣角**

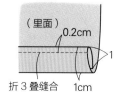

（里面）0.2cm

1

折3叠缝合　　1cm

○ 蝴蝶结上衣

照片见第 18 页

●材料

棉布（白色）120cm 宽 × 130cm

利伯提碎花布 (Maddsie #ZE) 112cm 宽（有效宽 110cm）× 85cm

●实物大型纸 B 面

◎前大身（B）◎后大身（A）

●裁剪方法 （单位 cm）指定以外的窝边都是 1cm

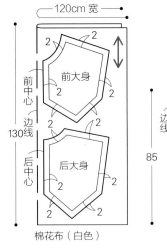

120cm 宽

前中心

边线

130线

前大身

后大身

2

棉花布（白色）

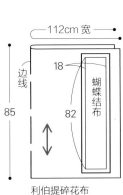

112cm 宽

边线

85

18

82

蝴蝶结布

利伯提碎花布

怎么做

1 缝合肩线

①前大身。后大身沿着中表对齐缝合

②窝边缝在一起或是按照"之"字形缝合

后大身（表面）

前大身（里面）

前中心

前大身（里面）

2 制作袖子，边，衣角

后大身（里面）

后中心

后大身（里面）

前大身（里面）

前中心

前大身（里面）

①从袖子开始到边上缝在一起或是按照"之"字形缝合

0.8cm

②衣角折 3 叠缝合

3 将前中心和后中心的窝边对齐缝合

后大身（里面）

0.8cm

①前前中心和后中心的窝边折叠 0.8cm, 缝合（左右共 4 个）

②将左右大身，前后中心沿着中心对齐，缝合边线

肩线

前大身（里面）

0.8cm

③窝边用熨斗熨烫，劈缝

0.8cm

0.6cm

将③展开在肩线处于中表折叠缝合

前大身（里面）

后大身（表面）

4 缝合边线

②袖口折 3 叠缝合

袖口

里面

①从衣角缝合到停针口，窝边劈缝

5 装蝴蝶结

①将 2 块蝴蝶结布缝合在一起

②将大身和蝴蝶结布沿中表对齐，缝合边线（蝴蝶结的窝边是 1cm，衫领的窝边是 2cm，需要注意一下）

停针处

前大身（表面）

蝴蝶结布（里面）

1cm

前中心

20cm

1cm

③一直缝合到停针处，剩余的大身折叠 3 次折到里面，缝合起来。

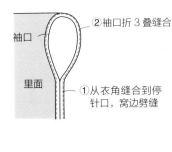

④蝴蝶结布围绕衫领一周，缝合起来

蝴蝶结布（表面）

前大身（里面）

折 3 叠

前中心

前大身（表面）

0.5cm

0.2cm

0.8cm

蝴蝶结布（表面）

9cm

P 裙裤

照片见第 19 页

● 材料

利伯提碎花布 (Primula#ZE)

112cm 宽（有效宽 110cm）× 110cm

松紧带 2cm 宽 70cm

● 实物大型纸 B 面

◎ 前裙　◎ 后裙　◎ 蝴蝶结

● 裁剪方法　（单位 cm）指定以外的窝边都是 1cm

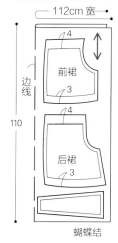

蝴蝶结

怎么做

1 缝合边、屁股下面

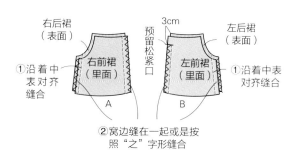

2 缝屁股上面

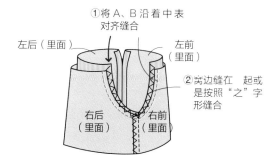

3 做蝴蝶结、安装蝴蝶结

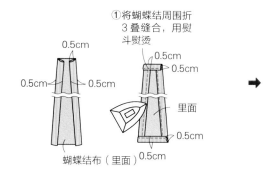

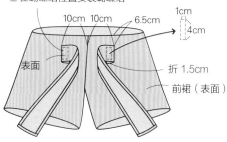

4 腰身折 3 叠缝合，穿入松紧

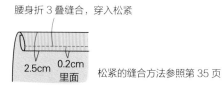

松紧的缝合方法参照第 35 页

5 缝衣角

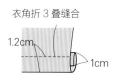

Q 前扣式连衣裙

照片见第 20 页

● **材料**

利伯提碎花布（Daisy Fields#YE）

112cm 宽（有效宽 110cm）× 190cm

纽扣 直径 1.8cm 7 个

连接芯 55cm×25cm

● **实物大型纸 A 面**

◎前大身　◎后大身

● 裁剪方法　（单位 cm）指定以外的窝边都为 1cm

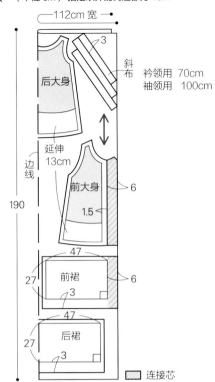

衣领用 70cm
袖领用 100cm

斜布

后大身

延伸
13cm

前大身　6

1.5

边线

190

112cm 宽

3

前裙　47　6

27

3

后裙　47

27

3

连接芯

怎么做

1　**缝合将大型纸的衣角增加 13cm 肩线**

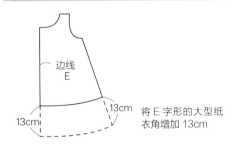

边线
E

13cm　13cm　13cm

将 E 字形的大型纸
衣角增加 13cm

2　**缝合大身和裙布**

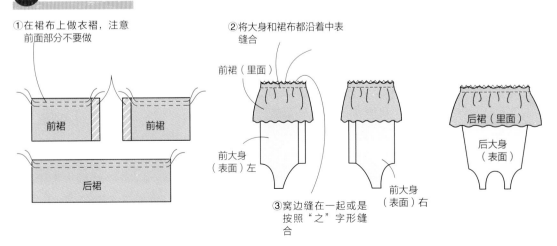

①在裙布上做衣褶，注意
前面部分不要做

前裙　前裙

后裙

②将大身和裙布都沿着中表
缝合

前裙（里面）

前大身
（表面）左

③窝边缝在一起或是
按照"之"字形缝
合

前大身
（表面）右

后裙（里面）

后大身
（表面）

3 缝合肩线，边线

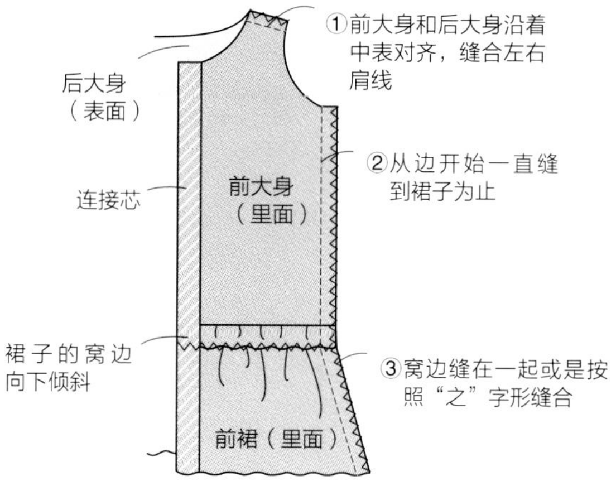

①前大身和后大身沿着中表对齐，缝合左右肩线
后大身（表面）
②从边开始一直缝到裙子为止
连接芯
前大身（里面）
裙子的窝边向下倾斜
③窝边缝在一起或是按照“之”字形缝合
前裙（里面）

4 缝衿领

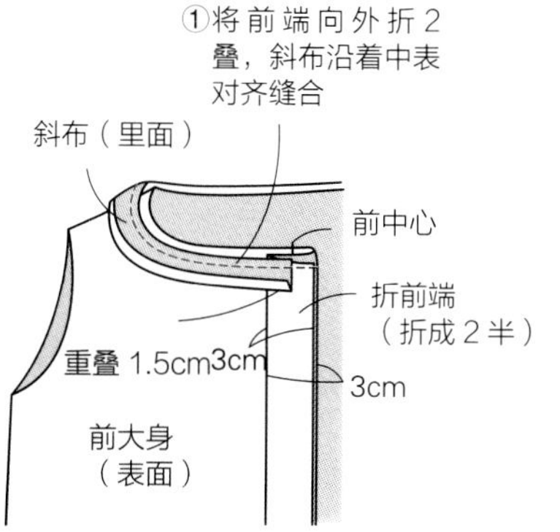

①将前端向外折2叠，斜布沿着中表对齐缝合
斜布（里面）
前中心
折前端（折成2半）
重叠 1.5cm
3cm
3cm
前大身（表面）

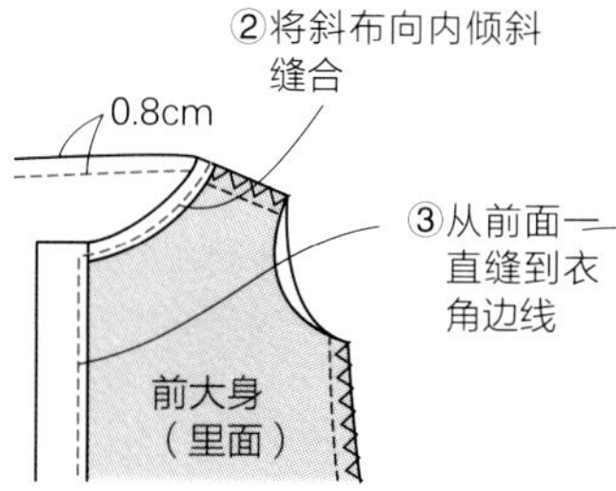

②将斜布向内倾斜缝合
0.8cm
③从前面一直缝到衣角边线
前大身（里面）

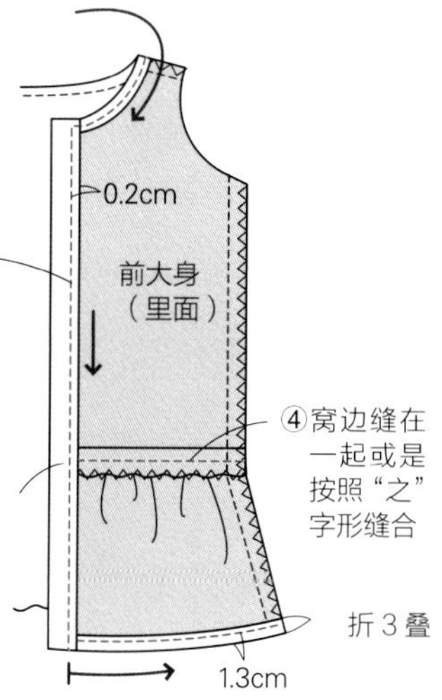

0.2cm
前大身（里面）
④窝边缝在一起或是按照“之”字形缝合
折3叠
1.3cm

【前面的制作方法】

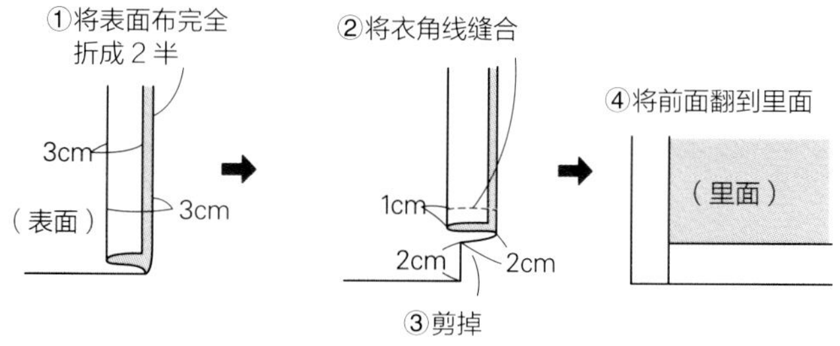

①将表面布完全折成2半
3cm
（表面）
3cm
②将衣角线缝合
1cm
2cm
2cm
③剪掉
④将前面翻到里面
（里面）

5 用斜布做袖领

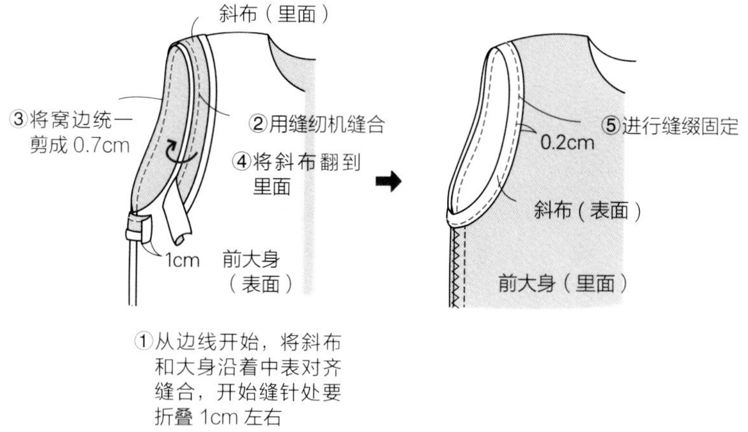

斜布（里面）
③将窝边统一剪成 0.7cm
②用缝纫机缝合
④将斜布翻到里面
1cm
前大身（表面）
①从边线开始，将斜布和大身沿着中表对齐缝合，开始缝针处要折叠 1cm 左右
⑤进行缝缀固定
0.2cm
斜布（表面）
前大身（里面）

6 做纽扣洞，装纽扣

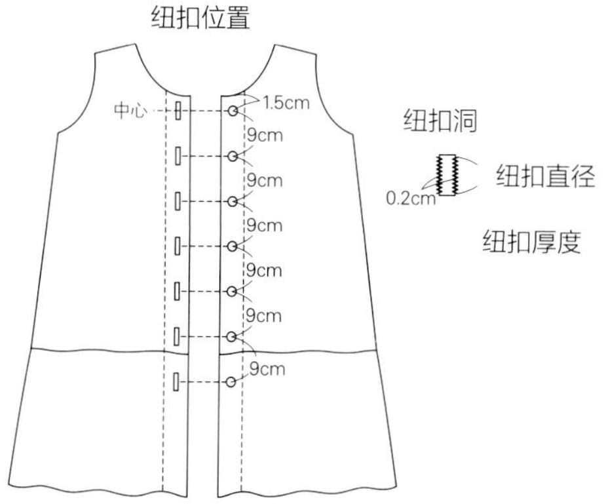

纽扣位置
中心
1.5cm
9cm
9cm
9cm
9cm
9cm
9cm
纽扣洞
0.2cm
纽扣直径
纽扣厚度

R 扇贝状吊带衫

照片见第 20 页

●材料

曲牙形棉布 110cm 宽 × 120cm

蕾丝图案 1 个

●实物大型纸 A 面

◎前大身 ◎后大身

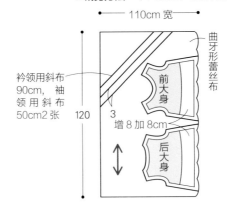

●裁剪方法 （单位 cm）制定以外的窝边都是 1cm

110cm 宽

曲牙形蕾丝布

衿领用斜布 90cm，袖领用斜布 50cm 2 张

120

3

增 8 加 8cm

前大身

后大身

怎么做

※ 将 E 大型纸吊带衫的前后各增加 8cm

E

8cm   8cm

1 缝肩线

2 制作衿领

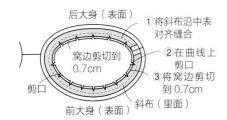

后大身（表面）

①将斜布沿中表对齐缝合

窝边剪切到 0.7cm

②在曲线上剪口

③将窝边剪切到 0.7cm

剪口

斜布（里面）

前大身（表面）

斜布（表面）

0.2cm

④将斜布翻到表面，缝缀固定

3 缝边线

①前，后大身沿中表对齐缝合

前大身（里面）

②两个缝在一起或是按照"之"字形向后倾斜缝合

4 制作袖领

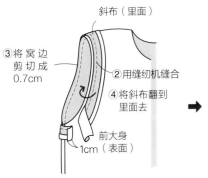

斜布（里面）

③将窝边剪切成 0.7cm

②用缝纫机缝合

④将斜布翻到里面去

前大身
1cm（表面）

①从边线开始，将斜布和大身沿中表缝合，在开始缝处折叠 1cm 左右

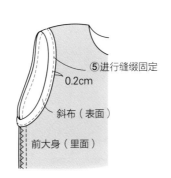

⑤进行缝缀固定

0.2cm

斜布（表面）

前大身（里面）

5 安装蕾丝图案

缝合蕾丝图案

S 蝙蝠袖连衣裙

照片见第 21 页

●材料

利伯提碎花布（Poppy&Daisy#KE）
　　　　112cm 宽（有效宽 110cm）×95cm

亚麻 140cm 宽 ×240cm

连接芯 35×35cm

●实物大型纸 B 面

◎前大身　◎后大身　◎口袋
◎前折边　◎后折边　◎衣角布

怎么做

※ 在折边，口袋，口袋入口事前粘贴连接芯

●裁剪方法（单位 cm）

指定以外的窝边都是 1cm

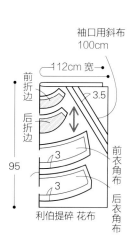

—140cm 宽—

边线

前大身

后大身

口袋

亚麻（绿色）

连接芯

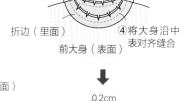

⑤在曲线上加剪口

折边（里面）　　④将大身沿中表对齐缝合

前大身（表面）

袖口用斜布
100cm

—112cm 宽—

前折边　后折边

3.5

前衣角布

后衣角布

95

3

3

利伯提碎花布

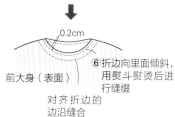

0.2cm

前大身（表面）

⑥折边向里面倾斜，用熨斗熨烫后进行缝缀

对齐折边的边沿缝合

---

1 缝肩线

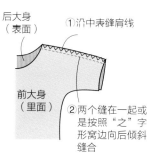

后大身（表面）

①沿中表缝肩线

前大身（里面）

②两个缝在一起或是按照"之"字形窝边向后倾斜缝合

2 做折边

①缝合折边的肩线

后折边（表面）

前折边（里面）

②窝边劈缝

（里面）

③周围缝在一起或是按"之"字缝合

3 安装口袋缝边线

※ 参照第 29 页口袋的制作方法

4 用斜布将袖口包围住

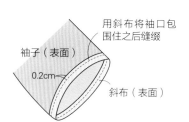

用斜布将袖口包围住之后缝缀

袖子（表面）

0.2cm

斜布（表面）

5 缝衣角

①前后衣角沿中表对齐缝合

后衣角（表面）

前衣角（里面）

窝边劈缝

②将衣角缝合到指定位置

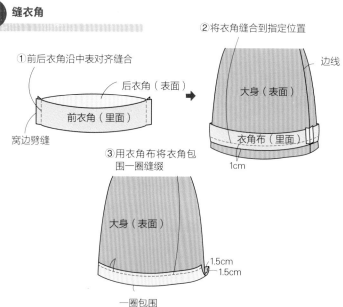

边线

大身（表面）

衣角布（里面）

1cm

③用衣角布将衣角包围一圈缝缀

大身（表面）

1.5cm
1.5cm

一圈包围

T 皮筋和布艺项链

照片见第 21 页

皮筋

●材料
利伯提碎花布（Poppy&Daisy#KE 等）
2×5cm
棉布（白色）62×5cm
松紧带 0.5cm×25cm
起始带

●制图（单位 cm）

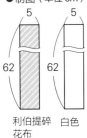

利伯提碎　白色
花布

怎么做

1 缝肩利伯提碎花布和素布沿中表对齐，缝合线

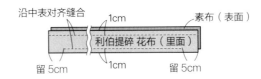

沿中表对齐缝合　　1cm　　素布（表面）
利伯提碎 花布（里面）
留 5cm　　1cm　　留 5cm

2 翻回表面，对折，缝合

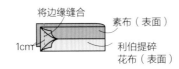

将边缘缝合
素布（表面）
1cm　利伯提碎
花布（表面）

3 将中心部分缝合一周

从花纹的交接处缝缀
素色面料布（表面）
利伯提碎
花布（表面）
松紧带口

4 穿松紧带，闭合回针口

①穿入连接带
②在利伯提碎花布
一侧穿入松紧
带，缝合回针口

布项链

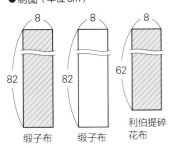

●材料
利伯提碎花布（Poppy&Daisy#KE）62×8cm
有光泽的缎子布（主要为白色）82×16cm
手工用小钢球 直径 2cm 6 个
缎子布蝴蝶结 2cm 宽 ×65cm

●制图（单位 cm）

8　　8　　8

82　　82　　62

缎子布　缎子布　利伯提碎
花布

怎么做

1 将 3 块布拼接在一起，缝合成筒状

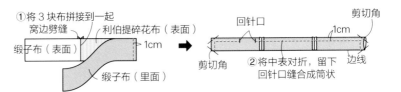

①将 3 块布拼接到一起
窝边劈缝　利伯提碎花布（表面）
缎子布（表面）　1cm
缎子布（里面）
回针口　　剪切角　1cm
剪切角　边线
②将中表对折，留下
回针口缝合成筒状

2 从回针口穿入小球，结起来

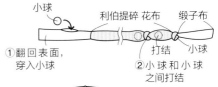

小球　利伯提碎 花布　缎子布
①翻回表面，
穿入小球
打结　小球
②小球和小球
之间打结

3 将筒状的布料分为几节，

并手工缝制节点

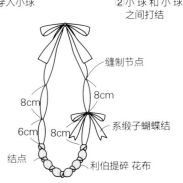

缝制节点
8cm　8cm
8cm
6cm　8cm　系缎子蝴蝶结
结点
利伯提碎 花布

U 正反两穿蝙蝠袖连衣裙

照片见第 22 页

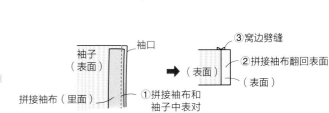

●裁剪方法（单位 cm）指定以外的窝边都是 1cm

110cm 宽

边线 160 亚麻

前大身
后大身

84
4

蝴蝶结布（2 张）

112cm 宽

后折边 前折边
4
蝴蝶结布
84
拼接袖布（4 张）
2 50 25 前裙拼接布
边线 95 2 50 25 后裙拼接布
利伯提碎花布

连接芯

●材料

利伯提碎花布（Fairford #BE）112cm 宽（有效宽 110cm）×95cm

亚麻（淡紫色）110cm×160cm

连接芯 35×35cm

●实物大型纸 B 面
◎前大身 ◎后大身
◎前折边 ◎后折边 ◎拼接袖布

怎么做

※ 事先在折边的里面贴好连接芯

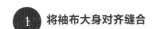

1 将袖布大身对齐缝合

③窝边劈缝
②拼接袖布翻回表面

袖子（表面）袖口
（表面）

拼接袖布（里面）
①拼接袖布和袖子中表对齐缝合

2 缝肩线

※ 参照第 55 页的 S

3 制作折边

后折边（表面）
前折边（里面）
①前后折边沿着中表对齐，缝合肩线

后折边（里面）
前折边（里面）
②窝边劈缝
③周围缝在一起或是按"之"字形缝合

⑤在曲线里面加入剪口
前折边（里面）
④将大身和中表对齐，缝合边线
⑥在前衿上剪口
前大身（表面）

0.2cm
⑦将折边向里面倾斜，用熨斗熨烫后缝缀
前大身

4 在拼接裙布上做衣褶和大身对齐缝合

※ 裙布上做衣褶，将前大身和后大身都做衣褶，在各个缝合

※ 将 2 个窝边缝在一起或是按"之"字缝合

※ 将窝边向下倾斜，从表面缝缀

5 做 2 个蝴蝶结

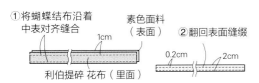

①将蝴蝶结布沿着中表对齐缝合
素色面料（表面）
1cm
②翻回表面缝缀
0.2cm
2cm
利伯提碎花布（里面）

6 从袖子开始缝边线

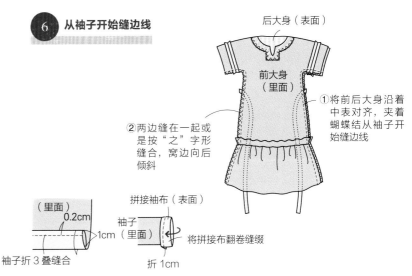

后大身（表面）

前大身（里面）

①将前后大身沿着中表对齐，夹着蝴蝶结从袖子开始缝边线

②两边缝在一起或是按"之"字形缝合，窝边向后倾斜

7 缝衣角，将袖子翻卷缝缀

（里面）
0.2cm
1cm
袖子（里面）
拼接袖布（表面）
将拼接布翻卷缝缀
袖子折 3 叠缝合
折 1cm

V 褶皱连衣裙

照片见第 23 页

●裁剪方法（单位 cm）

指定以外的窝边都是 1cm

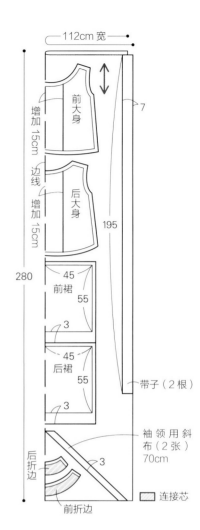

●材料

利伯提碎花布（Tatum #EE）112cm 宽（有效宽 110cm）×280cm

连接芯 25×40cm

●实物大型纸 A 面

◎前大身 ◎后大身 ◎折边

怎么做

※ 将大型纸 A 前大身和后大身剪开，中心增加 30cm

※ 在前后折边的里面各贴上连接芯

1 缝肩线

※ 参照第 28 页缝肩线的方法

30cm

A 型纸

衣褶部分增加 30cm

2 做折边

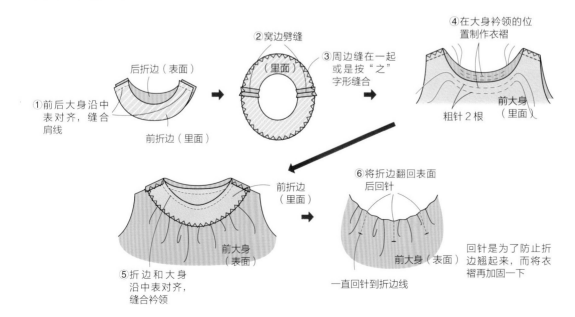

①前后大身沿中表对齐，缝合肩线

后折边（表面）

前折边（里面）

②窝边劈缝

（里面）

③周边缝在一起或是按"之"字形缝合

④在大身衿领的位置制作衣褶

前大身（里面）

粗针 2 根

⑤折边和大身沿中表对齐，缝合衿领

前折边（里面）

前大身（表面）

⑥将折边翻回表面后回针

前大身（表面）

一直回针到折边线

回针是为了防止折边翘起来，而将衣褶再加固一下

③ **在裙子上做衣褶，和大身对齐缝合**

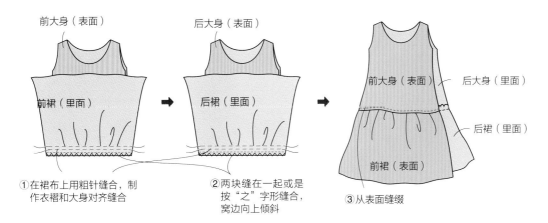

前大身（表面） 后大身（表面）

前裙（里面） 后裙（里面）

前大身（表面） 后大身（里面）

后裙（里面）

前裙（表面）

①在裙布上用粗针缝合，制作衣褶和大身对齐缝合

②两块缝在一起或是按"之"字形缝合，窝边向上倾斜

③从表面缝缀

---

4 **缝边线**

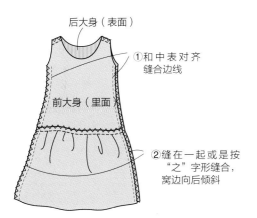

后大身（表面）

①和中表对齐缝合边线

前大身（里面）

②缝在一起或是按"之"字形缝合，窝边向后倾斜

---

5 **制作袖领**

※ 参照第 53 页的 Q

6 **缝衣角**

※ 参照第 53 页的 Q

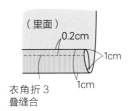

（里面）

0.2cm

1cm

1cm

衣角折 3
叠缝合

---

7 **制作带子**

①将 2 块带子布沿着中表对齐缝合四周，从回针口翻到表面，回针口缝合

②用熨斗熨烫，从表面缝缀

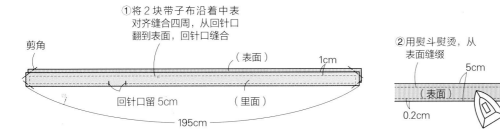

剪角

（表面）

1cm

回针口留 5cm

（里面）

195cm

（表面）

5cm

0.2cm

W 正反两穿布衬衫

照片见第 24 页

● 裁剪方法（单位 cm）指定以外的窝边都是 1cm

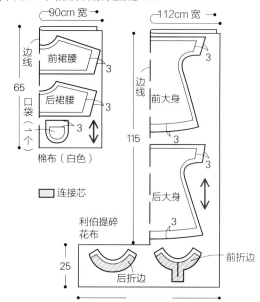

90cm 宽

边线

前裙腰 3

65 后裙腰 3

口袋（一个） 3

棉布（白色）

112cm 宽

边线 前大身 3

115 3

后大身 3

25 后折边 前折边

利伯提碎花布

□ 连接芯

● 材料

利伯提碎花布（Mirabelle#CE）

112cm 宽（有效宽 110cm）×140cm

棉布（白色）90cm 宽 ×65cm

连接芯 25×70cm

刺绣线 褐色

● 实物大型纸 B 面

◎ 前大身　◎ 后大身　◎ 前裙腰　◎ 后裙腰

◎ 口袋　◎ 前折边　◎ 后折边

怎么做

1 做折边

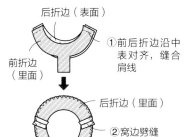

后折边（表面）

①前后折边沿中表对齐，缝合肩线

前折边（里面）

后折边（里面）

②窝边劈缝

前折边（里面）

③周围缝在一起或是按"之"字形缝合

2 大身对齐，按照口袋

※ 参照第 28 页口袋的制作，安装方法

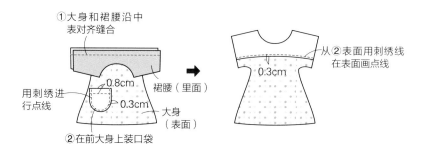

①大身和裙腰沿中表对齐缝合

用刺绣进行点线

0.8cm

0.3cm

裙腰（里面）

②在前大身上装口袋

大身（表面）

从②表面用刺绣线在表面画点线

0.3cm

3 缝肩线

※ 参照第 28 页缝肩线

4 做折边

※ 参照第 57 页 U

5 缝边线

※ 将前后大身沿中表对齐，从袖子下方开始缝合

6 缝袖口，穿松紧

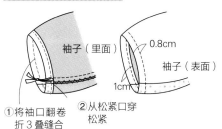

袖子（里面）

0.8cm

袖子（表面）

1cm

①将袖口翻卷折 3 叠缝合

②从松紧口穿松紧

7 缝衣角

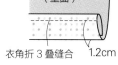

（里面）

衣角折 3 叠缝合

1.2cm

X 手提包和胸花

照片见第 24 页

●材料

利伯提碎花布（Mirabelle#CE）
112cm 宽（有效宽 110cm）×45cm
亚麻（白色）110cm 宽 ×85cm
纽带 12 根
蕾丝 10cm
蕾丝图案 1 个
胸花针 1 个
线
刺绣线 褐色 适量
连接芯 20×30cm

●裁剪方法（单位 cm）
指定以外的窝边都是 1cm

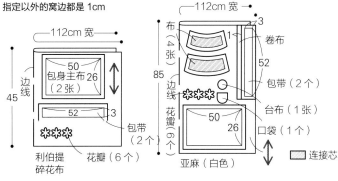

利伯提碎花布　　　花瓣（6 个）
亚麻（白色）

●实物大型纸 B 面

◎前裙腰 ◎口袋 ◎花瓣 ◎台布

怎么做

手提包

1 在主包上面缝口袋

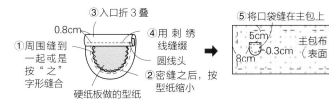

①周围缝到一起或是按"之"字形缝合
0.8cm
③入口折 3 叠
④用刺绣线缝缀圆线头
②密缝之后，按型纸缩小
硬纸板做的型纸
⑤将口袋缝在主包上
5cm
0.3cm
8cm
主包布（表面）

2 做表袋，内袋

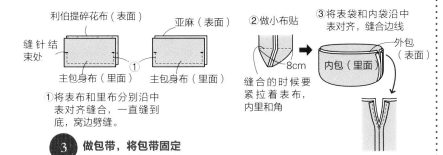

利伯提碎花布（表面）　　亚麻（表面）
缝针结束处
主包身布（里面）　①　主包身布（里面）

①将表布和里布分别沿中表对齐缝合，一直缝到底，窝边劈缝。

②做小布贴
8cm
缝合的时候要紧拉着表布，内里和角

③将表袋和内袋沿中表对齐，缝合边线
外包（表面）
内包（里面）

3 做包带，将包带固定

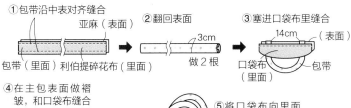

①包带沿中表对齐缝合
亚麻（表面）
包带（里面）　利伯提碎花布（里面）

②翻回表面
3cm
做 2 根

③塞进口袋里缝合
14cm
（表面）
口袋（里面）
包带（里面）

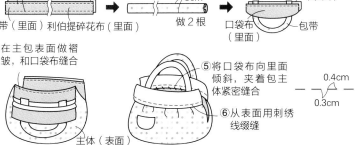

④在主包表面做褶皱，和口袋布缝合
⑤将口袋布向里面倾斜，夹着包主体紧密缝合
⑥从表面用刺绣线缀缝
主体（表面）
0.4cm
0.3cm

胸花

1 做 6 朵花瓣

利伯提碎花布（表面）
线
将利伯提碎花布和素色的花瓣贴在表面

2 在花瓣中间穿洞，穿入纽带

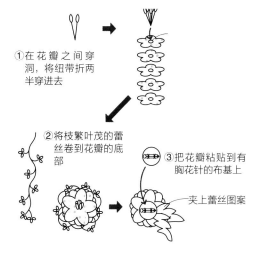

①在花瓣之间穿洞，将纽带折两半穿进去

②将枝繁叶茂的蕾丝卷到花瓣的底部

③把花瓣粘贴到有胸花针的布基上
夹上蕾丝图案

61

Y 宽带吊衫裙

照片见第 25 页

● **材料**

利伯提碎花布 (Edenham#KE)

112cm 宽（有效宽 110cm）×90cm

棉布（棕色）90cm×40cm

● 裁剪方法（单位 cm）指定外的窝边都是 1cm

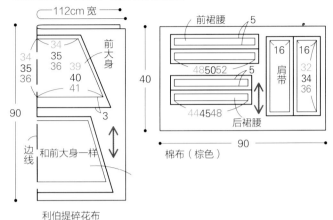

利伯提碎花布

棉布（棕色）

怎么做

1 做肩带

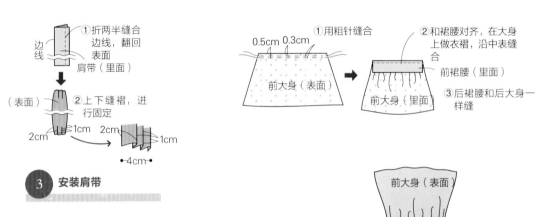

①折两半缝合边线，翻回表面
肩带（里面）

②上下缝褶，进行固定

2 裙腰和大身缝合

①用粗针缝合
0.5cm 0.3cm
前大身（表面）

②和裙腰对齐，在大身上做衣褶，沿中表缝合
前裙腰（里面）
前大身（里面）

③后裙腰和后大身一样缝

3 安装肩带

①肩带缝合到大身上去
10cm 10cm 0.5cm
中心
前裙腰（表面）
前大身（表面）

②和裙腰对齐缝合
前裙腰（表面）
前裙腰（里面）

③后面也是一样缝合

前大身（表面）
后大身（里面）
前裙腰（里面）
后裙腰（里面）
后裙腰（里面）
前裙腰（里面）
肩带（内侧）

4 缝边线

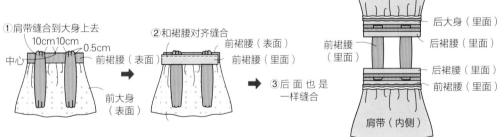

①沿中表对齐缝合
（里面）
（里面）

②2块缝在一起或按"之"字形缝合
（里面）

5 缝裙腰

将裙腰翻回表面进行手缝，将表面的窝边抄起
裙腰（表面）
将窝边折 1cm
大身（里面）
边

6 缝衣角

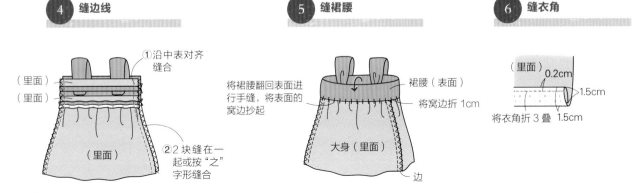

（里面）
0.2cm
1.5cm
将衣角折 3 叠 1.5cm

Z 褶皱长裙

照片见第 25 页

●材料

棉花（棕色）104cm 宽 ×200cm

利伯提碎花布 (Edenham#KE) 35cm × 55cm

松紧带

●实物大型纸 B 纸

◎前裙 ◎后裙 ◎口袋布

怎么做

●裁剪方法（单位 cm）指定以外的窝边都是 1cm

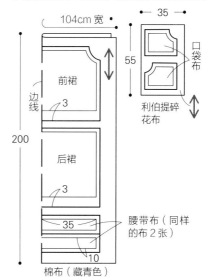

104cm 宽

边线

前裙

3

后裙

3

200

35

10

腰带布（同样的布 2 张）

棉布（藏青色）

35

55

口袋布

利伯提碎花布

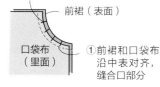
1 做口袋

在曲线上剪切

前裙（表面）

口袋布（里面）

①前裙和口袋布沿中表对齐，缝合口部分

②翻回表面，用熨斗熨烫，缀缝。

0.2cm

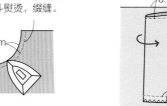

0.7cm

④窝边出绷针

0.7cm

1cm

③将口袋布按中表对折，缝合底部（裙子不需要缝，只缝合口袋底部，将 2 块布缝在一起或是按"之"字形缝合）

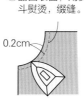
2 缝边线

※ 前，后裙沿中表对齐，缝合边线

※ 窝边缝在一起或是按"之"字形缝合，向后倾斜

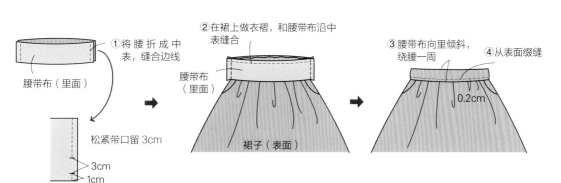
3 加腰带布，穿松紧带

①将腰折成中表，缝合边线

腰带布（里面）

松紧带口留 3cm

3cm

1cm

②在裙上做衣褶，和腰带布沿中表缝合

腰带布（里面）

裙子（表面）

③腰带布向里倾斜，绕腰一周

④从表面缀缝

0.2cm

4 缝衣角

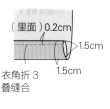

（里面）0.2cm

1.5cm

1.5cm

衣角折 3叠缝合

图书在版编目（CIP）数据

1 天就完成！第一次动手制作连衣裙&布衬衣 /（日）
田中智子著；汪云云译. -- 北京：北京联合出版公司，
2016.10

ISBN 978-7-5502-8020-5

Ⅰ. ① 1… Ⅱ . ①田… ②汪… Ⅲ . ①连衣裙—服装缝
制 ②衬衫—服装缝制 Ⅳ . ① TS941.717.8 ② TS941.713

中国版本图书馆 CIP 数据核字 (2016) 第 147938 号

ICHINICHI DE KANSEI！ LIBERTY PRINT DE TSUKURU ONE–PIECE & TUNIC
© Tomoko Tanaka 2012 © TATSUMI PUBLISHING CO., LTD. 2012
Original Japanese edition published in 2012 by Tatsumi Publishing Co., Ltd.
Simplified Chinese Character rights arranged with Tatsumi Publishing Co., Ltd.
Through Beijing GW Culture Communications Co., Ltd.

版权登记号：01-2016-3439

1 天就完成！ 第一次动手制作连衣裙&布衬衣

著　　者：（日）田中智子
译　　者：汪云云
出版统筹：精典博维
选题策划：曹福双
责任编辑：孙志文
装帧设计：博雅工坊·肖杰　陈永龙

北京联合出版公司出版
（北京市西城区德外大街 83 号楼 9 层　100088）
北京航天伟业印刷有限公司
字数 80 千字　　710 毫米 ×1000 毫米　　1/16　　4 印张
2016 年 10 月第 1 版　2016 年 10 月第 1 次印刷
ISBN 978-7-5502-8020-5
定价：58.00 元